计算机类技能型理实一体化新形态系列

程序设计基础

立体化教程（C++）

主　编　许　华　刘文娟
　　　　张　静
副主编　景燕敏　崔　宁
　　　　刘　涛　周　伟
　　　　牟艳霞　徐海燕

清华大学出版社
北京

内 容 简 介

本书分为 2 篇 8 个项目。第一篇（程序设计基础）共有 5 个项目，分别是项目 1（测量身材是否标准）、项目 2（基础款计算器）、项目 3（模拟 ATM 工作流程）、项目 4（学生通讯录管理系统）、项目 5（客户信息管理系统），该篇内容包括 C++ 程序结构及实现、数据类型、变量和常量、程序控制结构、函数、结构体、指针等知识和技能。第二篇（面向对象程序设计）共有 3 个项目，分别是项目 6（宠物领养游戏基础）、项目 7（宠物领养游戏应用）、项目 8（小学生专用计算器），该篇内容包括类、对象、继承、多态性和异常等知识和技能。

本书是面向没有程序设计基础的读者编写的入门教程，适用于高校计算机专业和非计算机专业的学生，也可用于自学。

图书在版编目（CIP）数据

程序设计基础立体化教程：C++ / 许华，刘文娟，张静主编 . —北京：清华大学出版社，2024.4
（计算机类技能型理实一体化新形态系列）
ISBN 978-7-302-65687-6

Ⅰ.①程… Ⅱ.①许… ②刘… ③张… Ⅲ.① C++ 语言—程序设计—高等学校—教材 Ⅳ.① TP312.8

中国国家版本馆 CIP 数据核字（2024）第 051060 号

责任编辑：张龙卿
封面设计：刘代书 陈昊靓
责任校对：刘 静
责任印制：丛怀宇

出版发行：清华大学出版社
　　　网　　　址：https://www.tup.com.cn，https://www.wqxuetang.com
　　　地　　　址：北京清华大学学研大厦 A 座　　　邮　　编：100084
　　　社 总 机：010-83470000　　　邮　　购：010-62786544
　　　投稿与读者服务：010-62776969, c-service@tup.tsinghua.edu.cn
　　　质量反馈：010-62772015, zhiliang@tup.tsinghua.edu.cn
　　　课件下载：https://www.tup.com.cn, 010-83470410
印 装 者：三河市天利华印刷装订有限公司
经　销：全国新华书店
开　　本：185mm×260mm　　　印　　张：18.25　　　字　　数：439 千字
版　　次：2024 年 5 月第 1 版　　　印　　次：2024 年 5 月第 1 次印刷
定　　价：59.00 元

产品编号：102364-01

党的二十大报告指出"科技是第一生产力，人才是第一资源，创新是第一动力"。大国工匠和高技能人才作为人才强国战略的重要组成部分，在现代化国家建设中起着重要的作用。高等院校肩负着培养大国工匠和高技能人才的使命，近几年在技能型人才培养方面得到了迅速发展。

在现代信息化社会中，计算机技术已经渗透到各个领域，而程序设计是实现技术创新、产业升级和经济发展的重要手段。学习程序设计基础是培养计算机、软件技术和大数据等相关技能型人才的重要前提和关键环节。为实现良好的教学效果，本书编写时做了很大创新和改革，主要特点如下。

1. 融入思政元素，全面落实立德树人

将"课程思政"贯穿教育、教学全过程，提升育人成效。在项目教学目标中设置了思政目标，教学内容融入思政元素。鼓励学生尊重知识产权，积极创新改革，弘扬工匠精神。

2. 校企合作开发教材，校企协同育人

与青软创新科技集团股份有限公司和天津滨海迅腾科技集团深度合作，实现校企产教融合。校企共建选取教材项目，项目选取既符合实际需求，又能满足教学需要。项目内容组织按照企业真实开发流程，首先提出具体项目任务，学习相关知识，其次进行需求分析、流程设计，最后编写代码、测试、运行，并根据实际情况对软件升级并完善需求。

3. 融入新技术、新技能和新思想，紧跟产业发展趋势

本书引入了与程序设计相关的新技术、新技能、新思想，为培养新时代国家需要的爱党报国、敬业奉献的高素质、高技能型人才奠定良好基础。

4. 配套在线精品课程，随时随地可学

本书配套课程"程序设计基础"已建成省级在线精品课程，课程网站有丰富的教学资源，资源定期更新。可以加入开放班级，也可以网上留言并与全国各地的学生一起学习、探讨问题。

5. 配套二维码视频，无师自通

本书针对每个项目的重点、难点配置了二维码视频，读者扫描二维码就可以直接观看视频学习；每个项目后都配有项目在线测试，通过扫描二维码就可以进行线上测试。

6. 选用综合性开发工具，为后续课程学习打好基础

使用的开发工具是微软多功能集成开发工具 Visual Studio 2022，掌握了该工具的使用方法，可以为后续软件开发类课程学习打好基础。

　　本书由许华、刘文娟、张静担任主编，景燕敏、崔宁、刘涛、周伟、牟艳霞、徐海燕担任副主编，李娟、焦健、蒋勇参编了部分内容，全书由许华统稿。特别感谢青软创新科技集团股份有限公司和天津滨海迅腾科技集团的大力支持。

编　者

2024 年 1 月

目　录

第一篇
程序设计基础

项目 1
测量身材是否标准

知识目标：

（1）知道 C++ 的由来。

（2）认识 C++ 程序的基本结构。

（3）熟练掌握使用一种工具开发 C++ 程序的基本步骤。

技能目标：

（1）能够搭建开发 C++ 程序的环境。

（2）能够编写并运行一个简单的 C++ 程序。

素质目标：

（1）培养程序设计严谨、认真的职业素养。

（2）培养程序设计基本逻辑思维能力。

思政目标：

了解社区版软件，尊重知识产权，培养创新意识。

大夫，我胖吗？

1.1 项 目 情 景

现实生活中越来越多的人关心自己的身材状况，根据这一需求，一家健康设备公司想要开发一款设备，该设备可以完成身高、体重的测量，并根据测量的数据计算测量者身材是偏胖、偏瘦，还是标准身材。通过简单测量，了解自己体重情况，并及时进行控制，帮助人们更好地健康生活。

该项目提交软件开发公司，该软件的核心功能是"输入身高、体重，输出身材状况"。基于对该项目的需求分析，项目经理列出需要完成的任务清单如表 1-1 所示任务清单。

表 1-1　项目 1 任务清单

任 务 序 号	任 务 名 称	知 识 储 备
T1-1	测量身材是否标准	• C++ 语言简述 • 程序基本组成 • C++ 开发环境 • 程序开发运行流程

1.2 相 关 知 识

1.2.1 程序设计语言概述

程序设计语言通常简称为编程语言，是一组用来定义计算机程序的语法规则。它是一种被标准化的交流技巧，用来向计算机发出指令。计算机语言让程序员能够准确地定义计算机所需要使用的数据，并精确地定义在不同情况下所应当采取的行动。

计算机只认识两个数：0 和 1。最早的计算机语言仅由 0 和 1 组成，称为机器语言，就是第一代计算机语言。高深的机器语言使很多人都望尘莫及，后来改进的机器语言用一些符号来表示，成为汇编语言。之后，为了开发与使用者的需要又产生了更简单明了的类人类语言——高级语言。目前，高级语言种类众多，但其语法和使用都有其相似之处。C++ 语言是目前使用与教学都非常广泛的一门基础语言。

1.2.2 C++ 程序基本结构

可以这样理解 C++ 程序，它是用 C++ 语言给计算机写的一封信，让计算机按照自己的要求完成一系列的工作。C++ 语言像其他语言一样有自己的词语、语法和书写格式。下面举几个简单的例子让大家认识一下 C++ 程序。

例 1-1 编写程序，输出"我开始学习程序设计基础了"。

```
#include <iostream>
using namespace std;
int main()
{
    cout<<" 我开始学习程序设计基础了 ";
}
```

例 1-2 编写程序，输入圆的半径并计算圆的面积。

```
#include <iostream>
using namespace std;
int main()
{
    float r,s;
    cout<<"r=";
    cin>>r;
    s=3.14*r*r;
    cout<<" 圆的面积是 "<<s<<endl;
}
```

例 1-3 编写程序，输出一行"*"。

```
#include <iostream>
using namespace std;
int main()
{
```

```
    cout<<"**********"<<endl;
}
```

一个相对完整的 C++ 程序主要由三部分组成：一是头文件，二是其他定义或预处理等，三是主程序。

1. 头文件

编写 C++ 程序时，经常使用头文件。头文件的定义格式如 #include <iostream>，其中 iostream 是标准的输入 / 输出文件流。

程序所包含的文件都是该程序必需的。你可以试着去掉它，看看出现什么结果。

2. 其他定义或预处理等

该部分代码一般放在头文件定义后面，包括预处理、函数定义、全局变量的定义、结构体类型的定义、类的定义等。

这些将在后续项目中陆续使用，对于类的定义我们将在项目 6 中介绍。

3. 主程序

C++ 的主程序也就是程序中的 main() 函数。main() 函数是一个完整的 C++ 程序唯一并且不可或缺的函数。C++ 程序无论多么复杂或简单，其执行都是从 main() 函数开始，到 main() 函数结束。

学习 C++ 程序基本结构

main() 函数中大括号的部分称为主函数体。主函数体是由一系列的语句组成的，这些语句的功能大体分为三类：变量定义语句、数据输入语句、数据输出语句。

1.2.3　C++ 程序实现

C++ 的开发工具有很多，像美国 Borland 公司 Turbo C++、微软公司的 Visual Studio 和 VC++ 等。本书使用微软公司的最新开发工具 Visual Studio 2022（简称 VS2022）。VS2022 免费版请到微软公司官网找到下载网址，选择 Community 版进行下载、安装及使用。Community 版供师生学习研究使用，没有版权争议，可放心下载。

VS2022 的下载、安装和使用

思政元素

软件正版化是使用开源免费系统和开源免费软件来代替盗版软件，或者是指软件终端用户购买正版软件以代替原来安装的非法产品。

软件正版化工作是知识产权保护工作中的一项重要内容，具有特殊的地位和重要性。软件正版化工作是我们履行国际义务，塑造大国形象的一项重要内容；软件正版化工作是我们国家保护知识产权、保持经济高速发展的需要，是建设创新型国家的需要，事关国家和企业信息安全，事关企业的诚信和规范管理，对促进中国软件产业发展具有十分重要的意义。

> 本书开发平台使用 VS2022 的 Community 版。VS2022 软件有收费版和 Community 版，教师和学生可到官网下载 Community 版本进行研究、学习、交流。

在安装 VS2022 时，在"工作负荷"选项卡选择"使用 C++ 的桌面开发"选项，安装软件后才能开发 C++ 程序。本书所有案例均在 VS2022 中调试运行通过。下面先介绍在 VS2022 中开发 C++ 程序的步骤。

1. 新建项目

（1）VS2022 界面。如果启动了 VS2022，可看到 VS2022 的启动界面，如图 1-1 所示，选择"创建新项目"命令，可打开"创建新项目"对话框。

图 1-1　VS2022 界面

在 VS2022 中选择"文件"→"新建"→"项目"命令，也可以打开"创建新项目"对话框。

（2）创建项目。在"创建新项目"对话框的项目模板列表中选择"控制台应用"命令，单击"下一步"按钮，如图 1-2 所示。

（3）配置项目。在"配置新项目"对话框的"项目名称"文本框中将新项目命名为 p1，然后单击"创建"按钮，如图 1-3 所示。

此时将创建一个空的 C++ Windows 控制台应用程序。控制台应用程序使用 Windows 控制台窗口显示输出并接受用户输入。同时还会打开一个编辑器窗口并显示生成的代码。当前编辑的文件是 C++ 源文件，文件名为 p1.cpp，如图 1-4 所示。

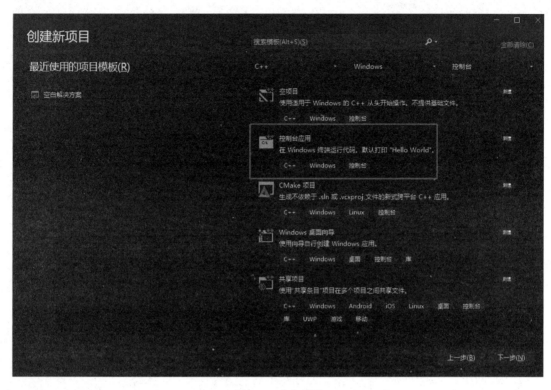

图 1-2 建立项目

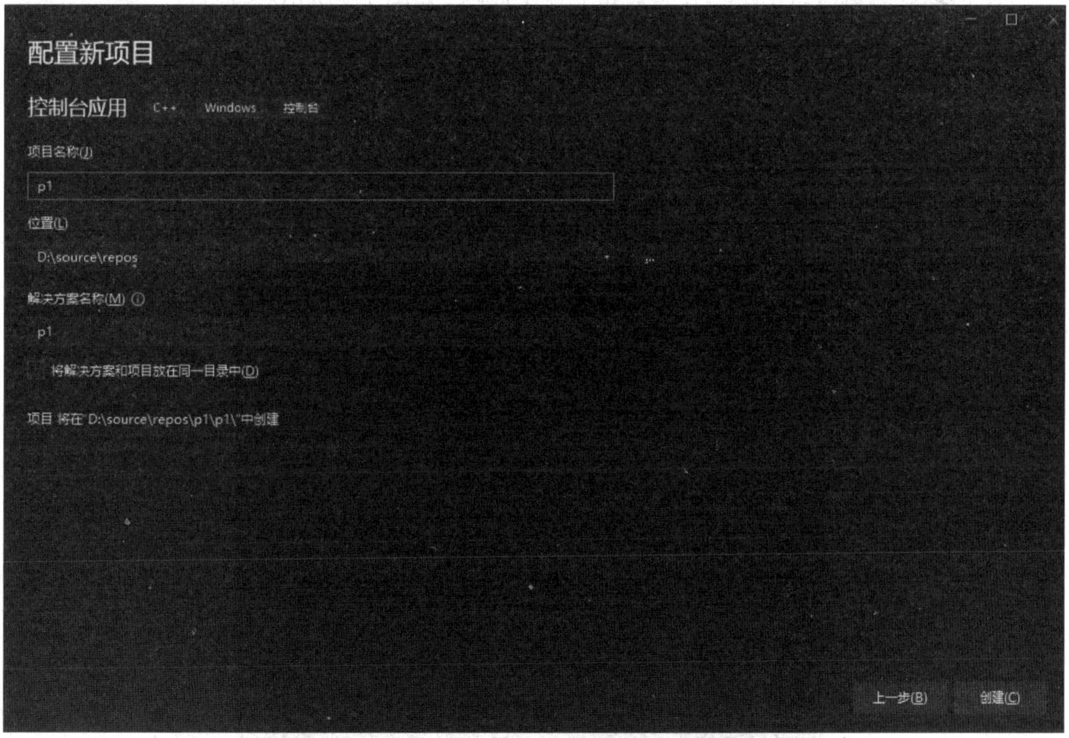

图 1-3 配置项目

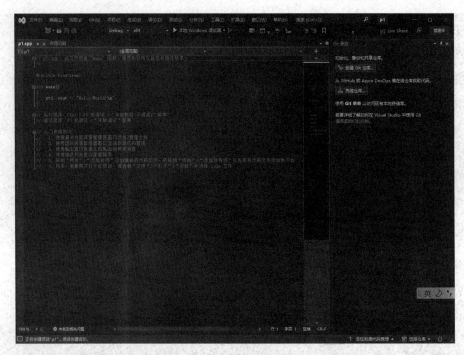

图 1-4　C++ 源文件编辑窗口

2. 编辑 C++ 源文件

在 p1.cpp 编辑窗口中编辑并完善如下程序代码，如图 1-5 所示。

```cpp
#include <iostream>
using namespace std;
int main()
{
    cout << "Hello World!\n";
}
```

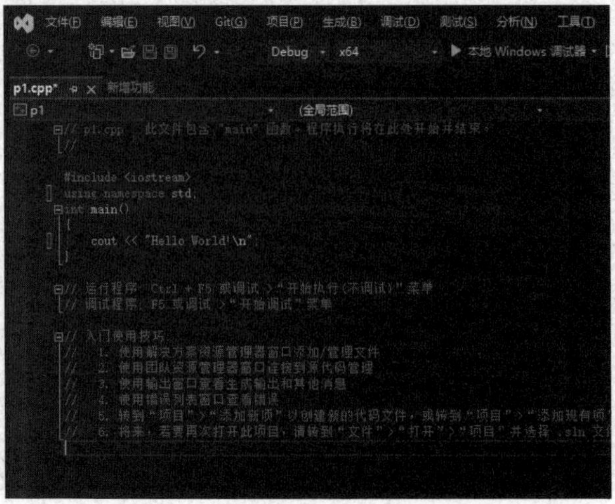

图 1-5　编辑 C++ 源程序

3. 生成项目

若要生成项目，请从"生成"菜单选择"生成解决方案"命令，"输出"窗口将显示生成过程的结果，如图 1-6 所示。如有错误，则需要调试，直到没有问题。

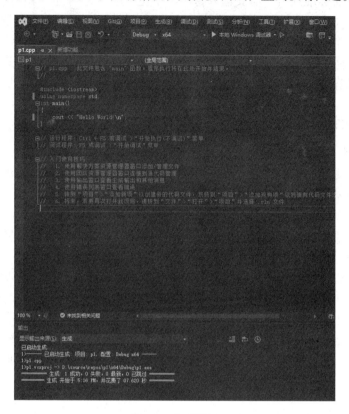

图 1-6 生成项目

4. 运行程序

若要运行程序，则在菜单栏上选择"调试"→"开始执行（不调试）"命令，显示运行结果，在屏幕上输出"Hello World!"，如图 1-7 所示。

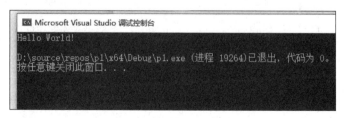

图 1-7 运行结果

1.3 项 目 实 现

该项目包含一个任务，任务序号是 T1-1，任务名称是"测量身材是否标准"。

1.3.1 需求分析

测量身材是否标准项目，需要输入身高（单位：厘米）、体重（单位：千克），根据健康管理相关计算公式，输出测量人身材是"偏胖""偏瘦"还是"标准"身材。

健康标准体型的计算公式有很多种。首都医科大学官网给出一种监控标准体型的标准，也是最简便的方法，就是身高减 105 厘米，所出现的数字就是该测量者的理想体重（单位：千克）。超过理想体重的 10% 称为"偏胖"，低于理想体重的 10% 称为"偏瘦"。

1.3.2 流程设计

1. 算法描述

程序设计最重要的工作就是将解决问题的步骤详细地描述出来，这就是算法。算法就是解决问题的方法和步骤，这些步骤必须是有限的、可行的，而且没有模棱两可的情况。我们可以使用以下方法描述算法。

（1）用自然语言描述算法。直接使用生活中的语言文字描述执行步骤。其优点是通俗易懂；缺点是缺乏直观性和简洁性，并且容易产生歧义。

（2）用伪代码描述算法。对于已具有程序基础的人，可以使用接近程序语言的方式来描述，不用拘泥于语法的正确性，并且很容易转化为程序语言代码；缺点是不如流程图描述的算法直观，出现逻辑错误后不易排查。

（3）用流程图描述算法。使用标准图形符号来描述执行过程，以各种不同形状的图形表示不同的操作，箭头表示流程执行的方向。流程图描述算法形象、直观，更容易理解。

2. 流程图符号说明

流程图符号说明如表 1-2 所示。

表 1-2　流程图符号说明

符　　号	名　　称	含　　义
	开始或结束	表示流程图的开始或者结束
	数据	表示数据的输入、输出
	过程	表示具体处理过程
	判定	表示条件判断
	流程线	表示流程线

3. 流程图绘制原则

（1）流程图需要使用标准的图形符号。
（2）每个流程图符号的文字说明要简明扼要。
（3）流程图只能有一个起点和至少一个终点。
（4）流程图绘制方向是从上而下、从左向右。
（5）判断符号有两条向外的连接线，而结束符号不允许有向外的连接线。

4. 流程图效果

本项目流程图如图 1-8 所示。

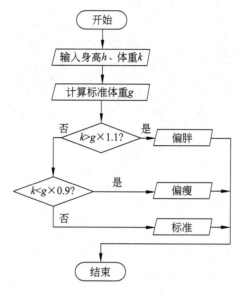

图 1-8　项目流程图

1.3.3　代码编写

本项目的设计主要目的是让读者整体了解 C++ 程序，使用的知识在后续章节中会陆续介绍。读者可以先模仿使用，项目参考源代码如下：

```cpp
#include <iostream>
using namespace std;
int main()
{
    int h,w,g;
    /*h 保存身高,w 保存体重,g 保存该身高的标准体重 */
    cout<<" 请输入你的身高 (cm):";
    cin>>h;
    cout<<" 请输入你的体重 (kg):";
    cin>>w;
    //进行一下计算
    g=h-105;//计算标准体重
    if(w>g*1.1)cout<<" 你偏胖 "<<endl;
    else if(w<g*0.9) cout<<" 你偏瘦 "<<endl;
        else cout<<" 恭喜,你身材标准! "<<endl;
}
```

1.3.4　运行及测试

1. 生成项目并调试

生成项目，编写代码，再调试程序至没有错误，如图 1-9 所示。

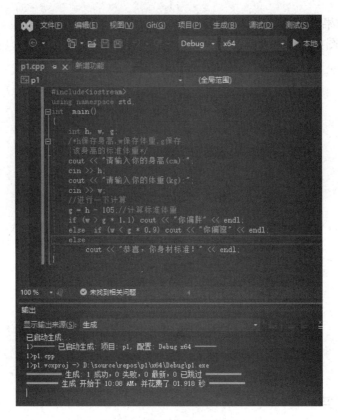

图 1-9　项目源代码的编写

在 VS2022 中编写 C++ 代码时要注意以下两点。

（1）格式。格式的不同并不影响程序的功能，但是会影响人们的调试与阅读。换言之，一个写得不"整洁"和不"规范"的程序，自己都懒得看，更何况别人。所以应养成一个良好的习惯，让程序变得"漂亮"起来。

（2）编码。

- C++ 严格区分大小写。Main() 与 main() 是完全不同的。
- 除双引号里面的符号之外，其他所有符号都是英文半角符号。

2. 运行并测试程序

执行"调试"→"开始执行（不调试）"命令 3 次，每次的输入及输出情况如图 1-10~图 1-12 所示。读者可以尝试不同情况的多次输入，观察输出结果。

图 1-10　运行 1

图 1-11　运行 2

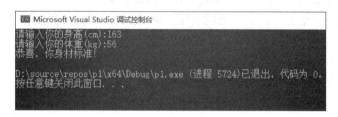

图 1-12　运行 3

小记录：
你在程序生成过程中发现_____个错误，错误内容如下。

_____

_____

_____

_____

大发现：

_____

_____

1.4　知识拓展

1.4.1　C++ 的字符集

同自然语言一样，C++ 语言如同汉语、英语等的语法结构和构成规则都大致相同，具有字符、单词、句子、文章的基本成分和结构。由字符可以构成单词，由单词可以构成句子（语句），由句子（语句）可以构成文章（程序）。

C++ 语言中最小的语法单位是字符，它由以下几种类别的字符组成。

（1）大、小写英文字母（A~Z、a~z）不等效，如 A 和 a 代表不同的字符。

（2）十进制数字符号（0~9）。

（3）英文半角标点符号：逗号（,）、分号（;）、单引号（'）、双引号（"）、冒号（:）、空格（ ）、左花括号（{）、右花括号（}）。

（4）单字符运算符号：左右圆括号"（）"、左右方括号"[ ]"，以及加（＋）、减（－）、乘（*）、除（/）、取余数（%）、小数点（.）、大于（＞）、等于（＝）、小于（＜）、叹号（!）、

破折号（~）、和号（&）、尖号（^）、分割符（|）、问号（?）。

（5）特殊用途的符号：井字号（#）、反斜线（\）、下画线（_）。

在字符串中可以使用任何字符，包括汉字、图形字符等，不受语法限制。

1.4.2 标识符与关键字

1. 标识符

在 C++ 程序中经常使用一些"词语"表示特定含义，这些"词语"称为标识符。

标识符通常用于变量的名字、类的名字、函数的名字等。标识符的定义必须遵循以下规则。

- 所有标识符必须由一个字母（a~z 或 A~Z）或下画线（_）开头。
- 标识符的其他部分可以用字母、下画线或数字 (0~9) 组成。
- 大小写字母表示不同意义，即代表不同的标识符，如前面的 cout 和 Cout 是完全不同的。

C++ 没有限制一个标识符中字符的个数，但是，大多数的编译器都会有限制。不过，我们在定义标识符时，通常并不用担心标识符中字符数会不会超过编译器的限制，因为编译器限制的数字较大（为 255）。

2. 关键字

关键字是编译器已预定义好的且具有特定含义的标识符，也称为保留字。标准 C++ 中预定义了 63 个关键字，具体为 asm、auto、bool、break、case、catch、char、class、const、const_cast、continue、default、delete、do、double、dynamic_cast、else、enum、explicit、export、extern、false、float、for、friend、goto、if、inline、int、long、mutable、namespace、new、operator、private、protected、public、register、reinterpret_cast、return、short、signed、sizeof、static、static_cast、struct、switch、template、this、throw、true、try、typedef、typeid、typename、union、unsigned、using、virtual、void、volatile、wchar_t、while。

另外，还定义了 11 个运算符关键字，它们是 and、and_eq、bitand、bitor、compl、not、not_eq、or、or_eq、xor、xor_eq。

1.4.3 简单的输入与输出

C++ 通过以下三种方式完成输入 / 输出。

（1）使用 C 语言中的输入 / 输出函数。

（2）使用标准输入 / 输出流对象 cin 和 cout。

（3）使用文件流。

第 1 种方式是为了与 C 语言兼容而保留的；第 2 种方式是 C++ 中常用的输入 / 输出方式；第 3 种方式将在后续项目中介绍。

1. 使用 cout 输出

cout 一般格式如下：

```
cout << <表达式 1> [ << <表达式 2>...<< <表达式 n> ]
```

（1）"<<"称为插入运算符，表示将表达式的运算结果插入输出流的末尾，即在显示器上显示。

（2）将 cout 想象成显示器，将"<<"想象成数据流向箭头，可以很容易记忆输出操作。

例 1-4 输出简单文字。

```cpp
#include <iostream>
using namespace std;
int main()
{
    cout<<" 欢迎学习程序设计基础（C++ 版）";
}
```

运行结果如图 1-13 所示。

例 1-5 输出一个简单图形。

```cpp
#include <iostream>
using namespace std;
int main()
{
    cout<<"             *"<<endl;
    cout<<"            *   *"<<endl;
    cout<<"           *       *"<<endl;
    cout<<"      *****************************"<<endl;
    cout<<"      *      *         *       *"<<endl;
    cout<<""<<endl;
}
```

运行结果如图 1-14 所示。

图 1-13 例 1-4 的运行结果   图 1-14 例 1-5 的运行结果

例 1-6 输出简单数据。

```cpp
#include <iostream>
using namespace std;
int main()
{
    int a;
    a=100;
```

```
    cout<<"a="<<a<<endl;
}
```

运行结果如图 1-15 所示。

2. 使用 cin 输入

cin 一般格式如下：

cin >> ＜变量 1＞ [>> ＜变量 2＞... >> ＜变量 n＞]

（1）">>" 称为提取运算符，表示程序暂停执行，等待从输入流中提取数据并赋给变量。

（2）将 cin 想象成键盘，把 ">>" 想象成数据流向箭头，可以很容易记忆输入操作。

例 1-7 简单数据输入。

```
#include <iostream>
using namespace std;
int main()
{
    int a,b;
    float c,d;
    cout<<" 输入两个整数 :";
    cin>>a>>b;     //从键盘输入两个整数
    cout<<" 输入两个实数 :";
    cin>>c>>d;     //从键盘输入两个实数
    cout<<"a="<<a<<endl;
    cout<<"b="<<b<<endl;
    cout<<"c="<<c<<endl;
    cout<<"d="<<d<<endl;
}
```

运行结果如图 1-16 所示。

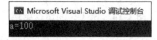

图 1-15　例 1-6 的运行结果

图 1-16　例 1-7 的运行结果

输入数据时可用空格键、Tab 键、Enter 键将输入数据分开。

1.5　项 目 改 进

你对该项目满意吗？你对用该项目检测自己的身材标准的结果满意吗？你可以对该项目提出改进与完善的要求并当你有能力时实现它。

（1）在屏幕上显示计算出来的标准体重范围。

（2）你需要的其他功能……

1.6　你 知 道 吗

1. 认识 C++

C++ 这个词在中国大陆的程序员圈子中通常被读作"C 加加"，而西方的程序员通常读作 C plus plus、CPP。它是一种使用非常广泛的计算机编程语言。

C 语言之所以要这样起名，是因为它主要参考那个时候的一门叫 B 的语言，它的设计者认为 C 语言比 B 语言有所进步，所以就起名为 C 语言。但是 B 语言并不是因为之前还有个 A 语言，而是 B 语言的作者为了纪念他的妻子，他妻子的名字的第一个字母是 B。当 C 语言发展到高峰的时刻，出现了一个版本叫 C with Class，那就是 C++ 最早的版本，在 C 语言中增加 class 关键字和类，那个时候有很多版本的 C 都希望在 C 语言中增加类的概念。后来 C 标准委员会决定为这个版本的 C 起个新的名字，那个时候征集了很多种名字，最后采纳了其中一个人的意见，以 C 语言中的 ++ 运算符来体现它是 C 语言的进步，故而叫 C++，并成立了 C++ 标准委员会。

另外，可以认为 C++ 是一门独立的语言，它并不依赖 C 语言。我们可以完全不学 C 语言，而直接学习 C++。有人认为在大多数场合，C++ 完全可以取代 C 语言。不过有了 C 语文基础，学习 C++ 语言应该更容易。

2. 程序员岗位

程序员（programmer）是从事程序开发及程序维护的基层工作人员。一般将程序员分为程序设计人员和程序编码人员，但两者的界限并不十分清楚。

一般的程序员都有在专业领域学习的背景，还有少数程序员是自学的。尽管学历比较重要，但是公司经常把重点放在应聘者的工作经验上，很多刚从大学毕业的大学生虽然有学位证书，他们找不到工作是因为缺乏经验。一名程序员虽然没有正规的学历，但是如果拥有程序设计的深厚知识背景或者丰富的工作经验，那么他的机会可能要比有学历的应届毕业生大得多。所以在校生要尽量抓住有用的工作和实习机会，多实习会让你有更多的经验，在找工作时就会有更多的机会。

对于职业程序员来说，另外一个重要的方面就是需要不断提升自己的业务水平，要使自己的技术一直保持在一个较高的水平，并且要不断发展。程序员也要寻找参加研讨会或发表文章及接受职业培训的机会，要使自己不断前进。

从经济学的层面上来看，软件人才也是劳动力商品中的一种，是由价值规律决定的，有需求才会有市场。当前，全球都在争夺 IT 人才，当 IT 人才的社会总需求大于总供给时，不可避免地会出现人才升值的现象。

3. 世界上第一位程序员

埃达·洛夫莱斯，原名为奥古斯塔·埃达·拜伦，是著名英国诗人拜伦之女。她是一位数学爱好者，被后人公认为第一位计算机程序员。

在 1842—1843 年，埃达花了 9 个月的时间翻译意大利数学家路易吉·米那比亚讲述查尔斯·巴贝奇计算机分析机的论文。在译文后面，她增加了许多注记，详细说明用该机器计算伯努利数的方法，被认为是世界上第一个计算机程序，因此，埃达也被认为是世界上第一位计算机程序员。

想一想

1. 程序是什么？
2. 使用 VS2022 开发一个 C++ 程序需要哪几个步骤？

做一做

1. 模仿例 1-1，编写程序并在屏幕上输出以下信息：

良好的开端是成功的一半！

2. 模仿例 1-2 编写程序，计算矩形的面积。

在线测试

本教材对应课程的在线学习平台网址是 https://www.xueyinonline.com/detail/233381549，打开网址后单击"加入课程"。首次登录时需要注册账号。加入课程后，在课程章节中选择"项目 1 单元测试"，可以测试一下本项目的学习效果。手机端安装"学习通"App，使用学习通扫描下方二维码，可以直接进行项目 1 在线测试。其他项目的在线测试方法类似。

项目 1 在线测试

项目 2
基础款计算器

知识目标：

（1）认识 C++ 的基本数据类型。

（2）理解常量和变量。

（3）掌握运算符的用法。

（4）熟练掌握表达式的应用。

技能目标：

（1）能够分析程序并恰当地定义变量。

（2）能够使用运算符与表达式处理程序中的数据。

素质目标：

（1）培养程序设计举一反三的能力。

（2）逐步养成标准化、规范化的代码编写习惯。

（3）逐步提高优化方案及调试程序的能力。

思政目标：

（1）培养学生的科学精神和探究能力，锻炼学生发现问题、解决问题的能力，为未来的职业发展做好准备。

（2）培养学生的道德品质和社会公德心，树立正确的价值观和行为准则，做一个有担当、有责任、有良知的人。

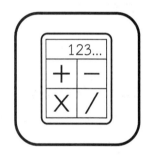

2.1 项目情景

一家小型企业业务系统中需要嵌入一个基础款计算器，他们找到了一家软件公司，并向其提出了这个需求。在与客户沟通后，软件公司的技术团队对需求进行了评估，并确定了开发方案。

该基础款计算器需要具备算术运算、逻辑运算和关系运算等功能。为了最终实现该项目，项目经理列出需要完成的任务清单，如表 2-1 所示。

表 2-1 项目 2 任务清单

任 务 序 号	任 务 名 称	知 识 储 备
T2-1	实现基础款计算器的算术运算	• 数据类型 • 常量和变量

续表

任务序号	任务名称	知识储备
T2-1	实现基础款计算器的算术运算	• 算术运算符 • 算术表达式 • 赋值运算符 • 赋值表达式
T2-2	实现基础款计算器的关系运算	• 关系运算符 • 关系表达式 • 条件运算符 • 条件表达式
T2-3	实现基础款计算器的逻辑运算	• 逻辑运算符 • 逻辑表达式 • 逗号运算符 • 逗号表达式 • 运算符的优先级

2.2　任务 1 相关知识

2.2.1　数据类型

数据类型是 C++ 语言最基本的要素，是编写程序的基础。举个例子，比如做菜，首先必须有原料，即菜，还要有一些加工的方法，才能将原料做成可口的佳肴，这个原料就是数据类型，而程序就相当于加工方法。确定了存放数据的数据类型，才能确定对应变量的空间大小及其操作。C++ 提供了丰富的数据类型，分为基本数据类型和非基本数据类型，如图 2-1 所示。

在不同的计算机上，每个变量类型所占的内存空间的长度不一定相同。例如，在 16 位计算机中，整型变量占 2 个字节，而在 32 位计算机中，整型变量占 4 个字节。除上述一些基本类型外，还有数据类型修饰符，用来改变基本类型的意义，以便更准确地适应各种情况的需要。修饰符有 long（长型符）、short（短型符）、signed（有符号）和 unsigned（无符号）。

数据类型的使用

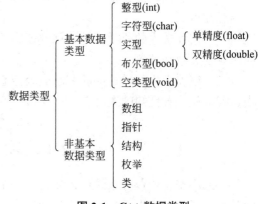

图 2-1　C++ 数据类型

数据类型的描述确定了其内存所占空间大小，也确定了其表示范围。以在 32 位计算机中表示为例，基本数据类型加上修饰符如表 2-2 所示的描述。

表 2-2　C++ 基本数据类型描述

基本数据类型	关键字	长度	表示范围	备注
布尔型	bool	1	true 或 false	非 0 整型数或 0

基本数据类型		关键字	长度	表 示 范 围	备　注
字符型	（普通）字符型	char	1	−128~127	-2^7~2^7-1
	无符号字符型	unsigned char	1	0~255	0~2^8-1
	有符号字符型	signed char	1	−128~127	-2^7~2^7-1
整型	（普通）整型	int	4	−2147483648~2147483647	-2^{31}~$2^{31}-1$
	无符号整型	unsigned int	4	0~4294967295	0~$2^{32}-1$
	有符号整型	signed int	4	−2147483648~2147483647	-2^{31}~$2^{31}-1$
	短整型	Short int	2	−32768~32767	-2^{15}~$2^{15}-1$
	无符号短整型	unsigned short int	2	0~65535	0~$2^{16}-1$
	有符号短整型	signed short int	2	−32768~32767	-2^{15}~$2^{15}-1$
	长整型	long int	4	−2147483648~2147483647	-2^{31}~$2^{31}-1$
	无符号长整型	unsigned long int	4	0~4294967295	0~$2^{32}-1$
	有符号长整型	signed long int	4	−2147483648~2147483647	-2^{31}~$2^{31}-1$
实数型	浮点型	float	4	−3.4E+38~3.4E+38	7 位有效位
	双精度型	double	8	−1.79E+308~1.79E+308	15 位有效位
	长双精度型	long double	10	−1.2E+4932~1.2E+4932	19 位有效位
空类型	空类型	void	没有对应的值，仅用在一些有限的情况下，通常用作无返回值函数的返回类型		

2.2.2　变量和常量

1. 变量

在程序的执行过程中，其值可以改变的量称为变量。每个变量由一个变量名唯一标识，同时，每个变量又有一个特定的数据类型。

（1）变量的命名。程序员不能随心所欲地定义变量名，必须遵循以下规则。

- 可以由字母、数字和下画线构成，但第一个字符必须是字母或下画线。
- 中间不能有空格。
- 不能是 C++ 的关键字。
- C++ 区分大小写，即大写字母和小写字母被认为是两个不同的字符。
- 不要太长，一般不超过 32 位字符。

根据以上的规则，下面的变量名都是合法的：Myname、MYNAME、_birth、birth_day、Case、Int1、x1。

而下面则是一些非法的标识符：123a、&abc、3a、string、case、ab@、_12*、a<b。

（2）变量的定义和声明。在使用一个变量之前，必须对其进行定义或声明，而且必须在声明中指定变量的类型和名称。变量类型的创建就是告诉编译器要为变量分配多少字节的内存空间，变量名代表所分配的内存单元。

变量定义的格式一般如下：

[修饰符] 数据类型 变量名;

变量的定义

修饰符是可选的，用于描述变量的使用方式；数据类型指出变量存放的数据的类型。

多个同一类型的变量在同一个声明语句中定义，可按如下的格式：

[修饰符] 数据类型 变量名1，变量名2，变量名3

例如：

```
char a;          //定义字符型变量a
int i,j          //定义整型变量i和j
float x,y,z      //定义实型变量x、y、z
```

注 意

"声明"和"定义"之间的区别如下。

（1）两者的语法格式类似。"声明"是向计算机介绍名字，而"定义"则是为这个名字分配存储空间。

（2）在一个编译单元即一个源程序文件中，变量的"声明"和"定义"是等同的，即均为变量定义；而在不同的编译单元中，两者是有区别的，如果在甲编译单元中定义了一个变量a，希望在乙编译单元中使用它的值，就需要先"声明"该变量，然后才能使用它的值。

（3）变量的赋值和初始化，用赋值运算符"="给变量赋值。例如：

```
int a;
a=5;             //赋初值
```

也可以在定义时直接给变量赋值。在定义的同时，赋给变量一个初始值，称为变量的初始化。例如：

```
int a=5;         //定义并初始化
```

以上的例子，赋初值的形式用两条语句完成，初始化的形式只用一条语句。它们都是先给变量分配一个整数存放的内存空间，然后将一个整数值赋给该变量，其初始化和赋值的效果完全一样。

在定义时也可以初始化多个变量。例如：

```
int a=3,b=4;
```

不是所有的变量在定义时都需要初始化。例如：

```
float sum,n=56;
```

该变量定义并不是将56同时赋给这两个变量，而是将n初始化为56；sum只是定义，并没有初始化。

例2-1 变量应用实例。

```
#include <iostream>
using namespace std;
int main()
{
```

```
    int num;
    float total;
    char ch1,ch2='E';
    const float PRICE=26.5;
    cout<<"num=";
    cin>>num;
    total=num*PRICE;
    ch1=ch2-'A'+'a';
    cout<<"total="<<total<<"\tch1="<<ch1<<endl;
}
```

运行结果如图 2-2 所示。

图 2-2　例 2-1 的运行结果

2. 常量

常量是在程序运行中其值不能改变的量。常量直接用符号表示它的值，如 PI 表示圆周率常量 3.1415926。如果程序中多处出现此值，则可在程序的开始定义这样的语句：

```
#define  PI  3.1415926
```

或在程序中用如下语句：

```
const float pi=3.1415926;
```

在 C++ 中，常量的类型有以下五种。

（1）整型常量。

① 十进制整数。除表示正负号的符号外（"+"可省略），以 1~9 开头的整数为十进制整数，单个数字 0 也是整数。如 123、-25、0、1234 等。

② 八进制整数。为了与十进制区别，八进制整数以 0 开头，后跟若干个 0~7 的数字。例如，0123 表示的八进制数为（123）$_8$，它表示的十进制数为 $1×8^2+2×8+3=83$。

③ 十六进制整数。以 0x 或 0X 开头，后跟若干个 0~9 及 a~f。a~f 分别表示十进制整数 10~15。例如，0x123 表示的十六进制数为（123）$_{16}$，它表示的十进制数为 $1×16^2+2×16+3=291$。

如果在整数后面加一个字母 L 或 l，则认为是 long int 型常数。例如，123L 是 long int 型常数。还可以在整数后面加上 u 或 U，表示无符号整数，例如，2003u 表示无符号的十进制整数。

（2）实型常量。实型常量由整数和小数两部分组成。在 C++ 中，实型常量包括单精度（float）、双精度（double）、长双精度（long double）三种。字符 f 或 F 作为后缀表示单精度数。例如，3.14f 表示单精度数，而 1.25 默认是双精度数。

按表示方式分，实型常量有小数形式和指数形式两种表示方式。

① 小数形式：也称定点数，由数字 0~9、小数点和正负号组成。小数点前的 0 可以省略，但小数点不可以省略。如 1.23、−6.23、0.56、−.123、.12 等。

② 指数形式：也称浮点型、科学计数法，由数字、小数点、正负号和 E（e）组成。指数形式可表示为

数字部分　E（或 e）指数部分　　　//指数部分一定是整数

字母 e 前一定要有数字，其后一定是整数。

下列是合法的指数形式：

1.23e5、123e3、−1.23e−5、−1e3

下列是不合法的指数形式：

E5、123e0.5、12e、1.23e0.25

（3）字符常量。字符常量是用单引号括起来的一个字符。它有两种表示形式，即普通字符和转义字符。

① 普通字符，即可直接显示字符。如 'a'、'B'、'5'、'#'、'+' 等。

② 转义字符，即以反斜杠"\"开头，后跟一个字符或一个 ASCII 码值表示的字符。

在"\"后跟一个字符，常用来表示一些控制字符。例如，'\n' 表示换行。

在"\"后跟一个字符的 ASCII 码值，则必须是一个字符的 ASCII 码值的八进制或十六进制形式，表示形式为 \ddd、\xhh，其中，ddd 表示三位八进制，hh 表示两位十六进制数。例如，'\101'、'\x41' 都可以用来表示字符 'A'。

在 C++ 中已预定义了具有特殊含义的转义字符，如表 2-3 所示。

表 2-3　常见的转义字符及其含义

转 义 字 符	ASCII 码（十六进制）	功　　能
\n	0a	换行
\t	09	水平制表符
\v	0b	垂直制表符
\b	08	退格
\r	0d	回车
\"	22	双引号
\\	5c	字符"\"
\'	27	单引号
\ddd	d 是八进制	1 到 3 位的八进制数
\xhh	h 是十六进制	1 到 2 位的十六进制数

（4）字符串常量。字符串常量是由一对双引号括起来的字符序列。例如，"How are you?"、"我是一名学生。"、"A" 等都是字符串常量。

在 C++ 中，规定以字符 '\0' 作为字符串的结束标志。字符串常量和字符常量是不同的，字符串常量是用双引号括起来的若干个字符，字符常量是用单引号括起来的一个字符。例如 "A" 是字符串常量，而 'A' 是字符常量。

（5）枚举常量。枚举常量可以通过建立枚举类型来定义。

定义枚举类型的语法是先写关键字 enum，后跟类型名、花括号，花括号括起来的里面是用逗号隔开的枚举常量值，最后用分号结束定义。例如：

```
enum weekday {Sun,Mon,Tue,Wed,Thu,Fri,Sat};
```

其中，weekday 是枚举类型名，而不是变量名，所以不占内存空间。可以用 weekday 来声明变量，例如：

```
Weekday workingday;
```

或

```
enum weekday {Sun,Mon,Tue,Wed,Thu,Fri,Sat} workingday;
```

如果没有专门指定，第一个枚举元素的值默认为 0，其他枚举元素的值依次递增。

例 2-2　常量应用实例。

```
#include <iostream>
using namespace std;
#define PI 3.1415926
int main()
{
    float r, s;
    cout << "请输入圆的半径：";
    cin >> r;
    s = PI * r * r;
    cout << "该圆的面积是 " << s << endl;       //符号常量 PI
    cout << "★★★★★★★★★★★★★★★★★★" << endl;
    cout << "普通字符常量：" << 'A' << '1' << ' ' << 'b' << endl;
    cout << "转义字符常量：" << '\"'<<endl;
    cout << "字符串常量：" << "welcome to China!" << endl;
    cout << "\130 \x59 Z\n";
    cout << 628.36;
    cout << "\nI say:\"Good Morning!\"\n";
    cout << "--------------------------" << endl;
    cout << "十进制整数常量：" << 319 << endl;
    cout << "八进制整数常量：" << 0716 << endl;
    cout << "十六进制整数常量:" << 0x36A << endl;
    cout << "--------------------------" << endl;
    cout << "单精度数常量:" << 3.1415f << endl;
    cout << "双精度数，系统默认类型:" << 1.23 << endl;
    cout << "长双精度数:" << 689L << endl;
    cout << "指数表示法常量:" << 1.23e3 << "\t" << 1e-8 << endl;
}
```

运行结果如图 2-3 所示。

常量的应用

图 2-3　例 2-2 的运行结果

2.2.3　运算符和表达式

运算符又称为是操作符，它是对数据进行运算的符号，参与运算的数据称为操作数。一个运算符可以是一个字符，也可以是由两个或三个字符所组成的，还有的是 C++ 的保留字。例如，赋值号（=）是一个字符，等号（==）是两个字符，测类型长度运算符（sizeof）是一个保留字。

按操作数的多少，可将运算符分为单目（一元）运算符、双目（二元）运算符和三目（三元）运算符三类。

1. 单目运算符

位于操作数前或后，形如：

＜单目运算符＞＜操作数＞

或

＜操作数＞＜单目运算符＞

例如：

-a, i++, --j

2. 双目运算符

一般位于两个操作数之间，形如：

＜左操作数＞＜双目运算符＞＜右操作数＞

例如：

a+b, i*j

3. 三目运算符

在 C++ 中，三目运算符仅有一个，即条件运算符，它含有两个字符，将三个操作数分开。

由操作数和运算符连接而成的式子称为表达式，其目的是用来说明一个计算过程。表达式根据某些约定、求值次序、结合性和优先级规则来进行计算。

可以从以下三方面理解和掌握运算符。

（1）运算符与操作数的关系。要注意运算符要求操作数的个数和类型。

（2）运算符的优先级别。优先级高的先运算，优先级低的后运算。

（3）运算符的结合性。指表达式中出现同等优先级的操作符时，该先做哪个操作的规定。如果一个运算符对其运算对象的操作是从左向右进行的，就称此运算符为左结合，反之称为右结合。

4. 算术运算符和算术表达式

算术运算符就是对数据进行算术计算，如加、减、乘、除等是在程序中使用最多的一种运算符。C++ 的算术运算符如表 2-4 所示。

表 2-4　C++ 的算术运算符及其实例

运　算　符	功　　能	结　合　性	目	实　　例
+	加法	左结合	双目	a+b
−	减法	左结合	双目	a−b
*	乘法	左结合	双目	a*b
/	除法	左结合	双目	a/b
%	求余	左结合	双目	a%b
+	正号	右结合	单目	+a
−	负号	右结合	单目	–a
++	自增	右结合	单目	++i、i++
−−	自减	右结合	单目	−−j、j−−

＋＋、−− 运算符都是单目运算符，且为右结合。这两个运算符都有前置和后置两种形式。

算术运算符的优先级："+"（正号运算符）和"−"（负号运算符）优先级最高；"*""/"和"%"优先级次高；"+"（加法）和"−"（减法）优先级最低。"++"（自增运算符）和"−−"（自减运算符）的优先级和正、负运算符的优先级是一样的。

例 2-3　算术表达式及运算符的优先级应用实例。

```cpp
#include <iostream>
using namespace std;
int main()
{
    int i=3,j=6,k=4;          //定义变量并初始化
    int x,y,z;                //定义变量
    x=i+j-k;
    cout<<"x="<<x<<endl;
    y=i+j*k/2;
    cout<<"y="<<y<<endl;
    cout<<"y="<<y++<<endl;
    //以上语句等价于 "cout<<"y="<<y<<endl;y=y+1;"
    cout<<"y="<<++y<<endl;
    //以上语句等价于 "y=y+1;cout<<"y="<<y<<endl;"
    cout<<"y="<<y<<endl;
    z=(i+j)*k%5;
    --z;                      //等价于 "z=z-1;"
```

```
        cout<<"z="<<z<<endl;
}
```

运行结果如图 2-4 所示。

```
选择 Microsoft Visual Studio 调试控制台                              —    □    ×
请输入圆的半径:5
该圆的面积是78. 5398
*********************
普通字符常量:A1 b
转义字符常量:"
字符串常量:welcome to China!
X Y Z
628. 36
I say:"Good Morning!"

十进制整数常量:319
八进制整数常量:462
十六进制整数常量:874

单精度数常量:3. 1415
双精度数,系统默认类型:1.23
长双精度数:689
指数表示法常量:1230        1e-08

E:\source\zw11\x64\Debug\zw11.exe (进程 21876)已退出, 代码为 0。
要在调试停止时自动关闭控制台, 请启用"工具"->"选项"->"调试"->"调试停止时自动关闭控制台"。
按任意键关闭此窗口. . .
```

图 2-4   例 2-3 的运行结果

自增、自减运算的运算如果不参与运算，那么 ++ 和 –– 放在变量前、后的效果是一样的，但如果继续参与其他运算，那么这两种运算符后置的结果是取变量原来的值参与运算，前置的结果是变量的值先自增或自减后再参与运算。

思政元素

在程序设计中，除法运算是一种常见的算术运算。但是，在进行除法运算时，我们需要注意除数不能为 0 的情况。这是因为在数学上，除以 0 是没有意义的，因此在程序设计中，如果除数为 0，就会出现错误或者异常情况。

该问题涉及的是人的责任和服务意识。在程序设计中，我们需要对数据进行正确的处理，避免出现错误或者异常情况。这就需要我们具备责任意识，对数据进行仔细的检查和处理，确保程序的正确性和稳定性。

此外，如果我们在程序设计中忽略了除数为 0 的情况，就会给程序的使用者带来不便和风险。这就需要我们具备服务意识，要从使用者角度出发，确保程序的可靠性和安全性。

因此，在程序设计中，我们需要将责任和服务意识融入具体的实践中，对数据进行正确的处理，确保程序的正确性和稳定性，为使用者提供可靠的服务。

例 2-4   输入 24 小时制时间，输出对应的 12 小时制时间。

```cpp
#include <iostream>
using namespace std;
int main()
{
    int h, h1;
    cout << "输入 24 小时制时间: ";
    cin >> h;
    h1 = h % 12;
```

```
    cout << h << "点对应 12 小时制时间为 " << h1 << "点 " << endl;
}
```

运行结果如图 2-5 所示。

图 2-5　例 2-4 的运行结果

例 2-5　输入天数，输出有多少周及余多少天。

```
#include <iostream>
using namespace std;
int main()
{
    int days, w, t;
    cout<< " 输入天数: ";
    cin>>days;
    w = days/7;
    t = days%7;
    cout<<days<<" 天合 "<<w<<" 周零 "<<t<<" 天 "<<endl;
}
```

运行结果如图 2-6 所示。

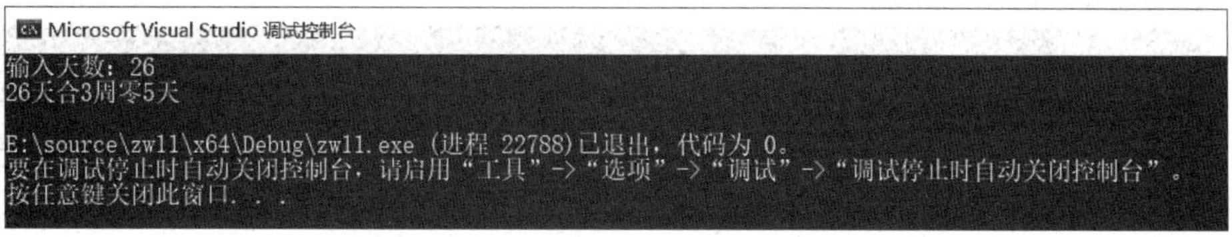

图 2-6　例 2-5 的运行结果

5. 赋值运算符和赋值表达式

C++ 语言提供了两类赋值运算符：基本赋值运算符和复合赋值运算符。由赋值运算符将表达式连接起来的有效式子称为赋值表达式，其一般格式如下：

变量 = 表达式

赋值表达式的作用就是把赋值运算符右边表达式的值赋给左边的变量。赋值运算符的优先级为：只高于逗号运算符，比其他运算符的优先级都低。表 2-5 列出了赋值运算符及其功能。

表 2-5　赋值运算符及其功能

运　算　符	功　　能	结　合　性	目	实　　例
＝	赋值	右结合	双目	a＝2*b

续表

运 算 符	功 能	结 合 性	目	实 例
＋＝	加赋值	右结合	双目	a＋＝2*b
＝	减赋值	右结合	双目	a＝2*b
*=	乘赋值	右结合	双目	a*=2*b
/=	除赋值	右结合	双目	a/＝2*b
%=	模赋值	右结合	双目	a%=2*b

例 2-6 赋值表达式及运算符的应用实例。

```cpp
#include <iostream>
using namespace std;
int main()
{
    int a=6,b=4,c;
    c=(++a)-(b--);
    cout<<"c="<<c<<endl;
    int x,y,z=a;
    x=(y=z+1);
    cout<<"x="<<x<<endl;
    int m=1,n=2,p=3;
    m+=n*=p-=1;
    cout<<"m="<<m<<","<<"n="<<n<<","<<"p="<<p<<endl;
}
```

运行结果如图 2-7 所示。

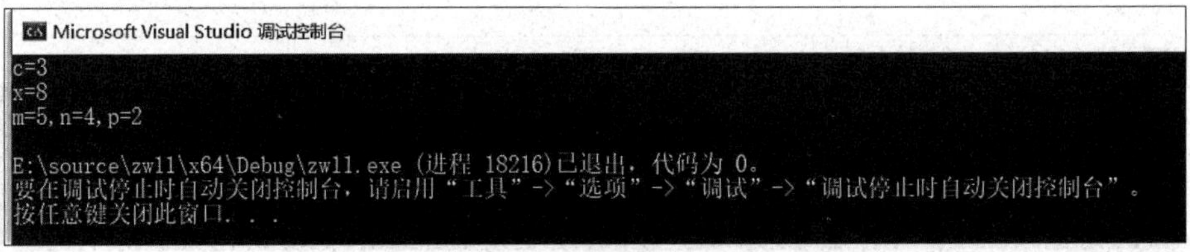

图 2-7　例 2-6 的运行结果

2.3　任务 1 实现

任务序号是 T2-1，任务名称是"实现基础款计算器的算术运算"。

1. 需求分析

任务 1 是实现基础款计算器的算术运算。输入任意两个整型数据，能进行两个数的加、减、乘、除、求余、自增、自减运算。

2. 流程设计

该任务流程图如图 2-8 所示。

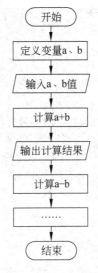

图 2-8　任务 1 流程图

3. 代码编写

项目参考源代码如下：

```cpp
#include <iostream>
using namespace std;
int main()
{
    cout << "**** 欢迎使用基础款计算器 ****" << endl<<endl;
    cout << "**** 算术运算 ****" << endl;
    int a, b, s;              //定义三个变量
    cout << "请输入任意的两个整数:";
    cin >> a >> b;            //输入
    s = a + b;
    cout << a << "+" << b << "=" << s << endl;
    s = a - b;
    cout << a << "-" << b << "=" << s << endl;
    s = a * b;
    cout << a << "*" << b << "=" << s << endl;
    s = a / b;
    cout << a << "/" << b << "=" << s << endl;
    s = a % b;
    cout << a << "%" << b << "=" << s << endl;
    s = a++;
    cout << "a++" << "=" << s << endl;
    s = --b;
    cout << "--b" << "=" << s << endl<<endl;
}
```

4. 运行及测试

（1）生成项目，编写源代码，调试程序至没有错误，如图 2-9 所示。

```
文件(F)  编辑(E)  视图(V)  Git(G)  项目(P)  生成(B)  调试(D)  测试(S)  分析(N)  工具(T)

←→     Debug    x64          ▶ 本地 Windows 调试器 ▾ ▷

新增功能    zw111.cpp ⊣ ×
zw111                                    (全局范围)
    1    #include<iostream>
    2    using namespace std;
    3    int  main()
    4    {
    5        cout << "****欢迎使用基础款计算器****" << endl << endl;
    6        cout << "****算术运算****" << endl;
    7        int a, b, s;//定义三个变量
    8        cout << "请输入任意的两个整数:";
    9        cin >> a >> b;//输入
   10        s = a + b;
   11        cout << a << "+" << b << "=" << s << endl;
   12        s = a - b;
   13        cout << a << "-" << b << "=" << s << endl;
   14        s = a * b;
   15        cout << a << "*" << b << "=" << s << endl;
   16        s = a / b;
   17        cout << a << "/" << b << "=" << s << endl;
   18        s = a % b;
   19        cout << a << "%" << b << "=" << s << endl;
   20        s = a++;
   21        cout << "a++" << "=" << s << endl;
   22        s = --b;
   23        cout << "--b" << "=" << s << endl << endl;
   24    }
100 %        ⊘ 未找到相关问题

输出
显示输出来源(S): 生成
已启动生成...
1>------ 已启动生成: 项目: zw111, 配置: Debug x64 ------
1>zw111.cpp
1>zw111.vcxproj -> E:\source\zw111\x64\Debug\zw111.exe
========== 生成: 1 成功, 0 失败, 0 最新, 0 已跳过 ==========
========== 生成 开始于 6:10 AM, 并花费了 06.280 秒 ==========
错误列表  输出
就绪
```

图 2-9 任务 1 源代码编写

（2）输入两个整数 a 和 b，输出 a＋b、a–b、a*b、a/b、a%b、a++ 和 --b 的运算结果，如图 2-10 所示。

任务 1 的运行

```
Microsoft Visual Studio 调试控制台
****欢迎使用基础款计算器****

****算术运算****
请输入任意的两个整数:6 5

6+5=11
6-5=1
6*5=30
6/5=1
6%5=1
a++=6
--b=4

E:\source\zw111\x64\Debug\zw111.exe (进程 8220)已退出, 代码为 0。
要在调试停止时自动关闭控制台, 请启用"工具"->"选项"->"调试"->"调试停止时自动关闭控制台"。
按任意键关闭此窗口。
```

图 2-10 任务 1 的运行结果

32

2.4　任务 2 相关知识

2.4.1　关系运算符和关系表达式

C++ 中提供了 6 个关系运算符，即 >、>=、<、<=、==、!=，其优先级为 ">、>=、<、<=" 高于 "==、!="，双引号中运算符的优先级相同。

由关系运算符将两个表达式连接起来的有效式子称为关系表达式。一个关系表达式的值是一个逻辑值。当关系为真时，值为 1；关系为假时，值为 0。表 2-6 列出了关系运算符及其功能。

表 2-6　关系运算符及其实例

运　算　符	功　　能	结　合　性	目	实　　例
>	大于	左结合	双目	a>b
>=	大于或等于	左结合	双目	a>=b
<	小于	左结合	双目	a<b
<=	小于或等于	左结合	双目	a<=b
==	等于	左结合	双目	a==b
!=	不等于	左结合	双目	a!=b

例 2-7　关系运算符及表达式应用实例。

```
#include <iostream>
using namespace std;
int main()
{
    int a=3,b=4,c;
    float x,y,z;
    c=(a=b);
    cout<<"c="<<c<<endl;
    c=(a==b);
    cout<<"c="<<c<<endl;
    x=fabs(1.0/3.0*3.0-1.0)<1e-6;
    cout<<"x="<<x<<endl;
    y=(2+8)>2*5;
    cout<<"y="<<y<<endl;
    z=10<2;
    cout<<"z="<<z<<endl;
}
```

运行结果如图 2-11 所示。

图 2-11　例 2-7 的运行结果

关系运算
符及表达
式的应用

（1）要注意对实数做相等或不等的判断。例如，比较 1.0/3.0*3.0 与 1.0 可通过计算两者之差来实现，即 fabs(1.0/3.0*3.0-1.0)<1e-6 成立。

（2）一般不使用连续关系运算符的描述方式，这样往往会出现出乎意料的结果。例如，12>6>2 在 C++ 语言中是允许的，但值为 0。

（3）注意区分运算符 "=" 和 "==" 的用法。

2.4.2 条件运算符和条件表达式

C++ 语言中提供的唯一的三目运算符是条件运算符（？：）。由条件运算符将三个表达式连接起来的有效式子称为条件表达式。其格式如下：

表达式 1？表达式 2：表达式 3

条件运算符的规则是：首先判断表达式 1 的值，若其值为真（非 0），则取表达式 2 的值为整个表达式的值；若其值为假（0），则取表达式 3 的值为整个表达式的值。

条件运算符的优先级高于赋值，低于关系和算术运算符，结合方式为从左向右结合。

例 2-8 条件表达式的应用实例。

```cpp
#include <iostream>
using namespace std;
int main()
{
    float x=12.25f,y=3.6f,max;
    max=x>y?x:y;
    cout<<"max="<<max<<endl;
}
```

运行结果如图 2-12 所示。

```
Microsoft Visual Studio 调试控制台                                    —
max=12.25
E:\source\zw11\x64\Debug\zw11.exe（进程 21928)已退出，代码为 0。
要在调试停止时自动关闭控制台，请启用"工具"->"选项"->"调试"->"调试停止时自动关闭控制台"。
按任意键关闭此窗口. . .
```

图 2-12 例 2-8 的运行结果

条件运算
符及表达
式的应用

（1）"max=x>y?x:y;" 语句用到了两个运算符，分别是赋值运算符和条件运算符，后者的优先级高于前者。

（2）"max=x>y?x:y;" 语句返回 x 和 y 中较大的值。

2.5 任务 2 实现

任务序号是 T2-2，任务名称是"实现基础款计算器的关系运算"。

1. 需求分析

通过 2.4 节的任务 1，我们实现了基础款计算器中的算术运算。作为基础款计算器，除了具备算术运算功能外，还需要进行关系运算。通过本任务的设计，用户能进行大于、大于或等于、小于、小于或等于、等于、不等于这些关系运算。

2. 流程设计

该任务流程图如图 2-13 所示。

项目 2 的任务 2
流程执行过程

图 2-13　任务 2 流程图

3. 代码编写

项目参考源代码如下：

```
#include <iostream>
using namespace std;
int main()
{
    cout << "**** 欢迎使用基础款计算器 ****" << endl << endl;
    cout << "**** 关系运算（运算结果是 1 表示成立，运算结果是 0 表示不成立）****"<<endl;
    int x, y, z;
    cout << "请输入任意的两个整数：";
    cin >> x >> y;
    z = x > y;
    cout << x << ">" << y << " =" << z << endl;
    z = x >= y;
    cout << x << ">=" << y << " =" << z << endl;
    z = x < y;
    cout << x << "<" << y << " =" << z << endl;
    z = x <= y;
    cout << x << "<=" << y << " =" << z << endl;
    z = x == y;
    cout << x << "==" << y << " =" << z << endl;
```

```
        z = x != y;
        cout << x << "!=" << y << " =" << z << endl << endl;
    }
```

4. 运行及测试

（1）生成项目，编写代码，并调试程序至没有错误，如图 2-14 所示。

```
zw111                                        (全局范围)
1    #include<iostream>
2    using namespace std;
3    int main()
4    {
5        cout << "****欢迎使用基础款计算器****" << endl << endl;
6        cout << "****关系运算（运算结果是1表示成立，运算结果是0表示不成立）****" << endl;
7        int x, y, z;
8        cout << "请输入任意的两个整数:";
9        cin >> x >> y;
10       z = x > y;
11       cout << x << ">" << y << " =" << z << endl;
12       z = x >= y;
13       cout << x << ">=" << y << " =" << z << endl;
14       z = x < y;
15       cout << x << "<" << y << " =" << z << endl;
16       z = x <= y;
17       cout << x << "<=" << y << " =" << z << endl;
18       z = x == y;
19       cout << x << "==" << y << " =" << z << endl;
20       z = x != y;
21       cout << x << "!=" << y << " =" << z << endl << endl;
22
```

```
100 %  ⊘ 未找到相关问题

输出
显示输出来源(S): 生成
已启动生成...
1>------ 已启动生成: 项目: zw111, 配置: Debug x64 ------
1>zw111.cpp
1>zw111.vcxproj -> E:\source\zw111\x64\Debug\zw111.exe
========== 生成: 1 成功, 0 失败, 0 最新, 0 已跳过 ==========
========== 生成 开始于 9:24 AM, 并花费了 01.899 秒 ==========
```

图 2-14 任务 2 源代码编写

任务 2 的
运行演示

（2）输入两个整数 x 和 y，输出 x>y、x>=y、x<y、x<=y、x==y 和 x!=y 的运行结果，如图 2-15 所示。

```
Microsoft Visual Studio 调试控制台
****欢迎使用基础款计算器****

****关系运算（运算结果是1表示成立，运算结果是0表示不成立）****
请输入任意的两个整数:10 20
10>20 =0
10>=20 =0
10<20 =1
10<=20 =1
10==20 =0
10!=20 =1

E:\source\zw111\x64\Debug\zw111.exe (进程 15588)已退出，代码为 0。
要在调试停止时自动关闭控制台，请启用"工具"->"选项"->"调试"->"调试停止时自动关闭控制台"。
按任意键关闭此窗口...
```

图 2-15 任务 2 的运行结果

2.6 任务 3 相关知识

2.6.1 逻辑运算符和关系表达式

逻辑运算符是对两个逻辑量间进行运算的运算符。由逻辑运算符将表达式连接起来的有效式子称为逻辑表达式，其运算对象是逻辑量，表 2-7 列出了逻辑运算符及其功能。

表 2-7 逻辑运算符及其功能

运　算　符	功　　能	结　合　性	目	实　　例
!	逻辑非	右结合	单目	! a
&&	逻辑与	左结合	双目	(j>=1)&&(j<=10)
||	逻辑或	左结合	双目	(j<=1)||(j>=10)

逻辑运算符的优先级从高到低为：!（非）→ &&（与）→ \|\|（或）。表 2-8 列出了逻辑运算符的运算规则。

表 2-8 逻辑运算符的运算规则

a	b	!a	a&&b	a||b
0	0	1	0	0
0	1	1	0	1
1	0	0	0	1
1	1	0	1	1

说明

（1）C++ 语言中在给出一个逻辑表达式的最终计算结果值时，用 1 表示真，用 0 表示假。但在进行逻辑运算的过程中，凡是遇到非零值时就当真值参加运算，遇到 0 值时就当假值参加运算。

（2）对于数学上的表示多个数据间进行比较的表达式，在 C++ 中要拆成多个条件并用逻辑运算符连接形成一个逻辑表达式。

例如，要表示一个变量 j 的值为 1~10 时，必须写成 j>=1&&j<=10。

例 2-9　逻辑表达式及运算符的应用实例。

```cpp
#include <iostream>
using namespace std;
int main()
{
    int a=3,b=5,c;
    c=(a>1)||(b<10);
    cout<<"c="<<c<<endl;
    c=(a==0)&&(b<10);
    cout<<"c="<<c<<endl;
    c=!(a+b);
    cout<<"c="<<c<<endl;
}
```

运行结果如图 2-16 所示。

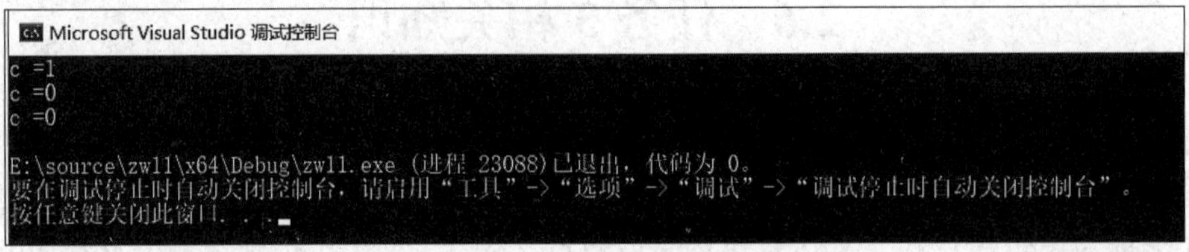

```
Microsoft Visual Studio 调试控制台
c =1
c =0
c =0
E:\source\zw11\x64\Debug\zw11.exe (进程 23088)已退出，代码为 0。
要在调试停止时自动关闭控制台，请启用"工具"->"选项"->"调试"->"调试停止时自动关闭控制台"。
按任意键关闭此窗口.
```

图 2-16　例 2-9 的运行结果

例 2-10　输入年份，判断该年是闰年还是平年。

```cpp
#include <iostream>
using namespace std;
int main()
{
    int n;
    cout<<" 输入年份: ";
    cin>>n;
    if((n%4==0)&&(n%100!=0)||(n%400==0))
        cout<<n<<" 年是闰年 !"<<endl;
    else
        cout<<n<<" 年是平年 !"<<endl;
}
```

运行结果如图 2-17 所示。

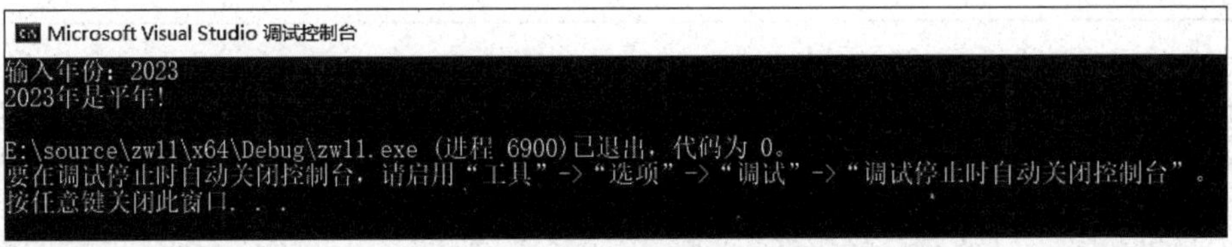

```
Microsoft Visual Studio 调试控制台
输入年份: 2023
2023年是平年!
E:\source\zw11\x64\Debug\zw11.exe (进程 6900)已退出，代码为 0。
要在调试停止时自动关闭控制台，请启用"工具"->"选项"->"调试"->"调试停止时自动关闭控制台"。
按任意键关闭此窗口...
```

图 2-17　例 2-10 的运行结果

2.6.2　逗号运算符和逗号表达式

逗号运算符的功能是按从左向右的顺序逐个对操作对象求值，并返回最后一个操作对象的值。逗号运算符也称顺序求值运算符，具有左结合性。

由逗号运算符将表达式连接起来的有效式子称为逗号表达式，其一般形式如下：

表达式 1, 表达式 2, 表达式 3, ..., 表达式 n

例 2-11　逗号表达式应用实例。

```cpp
#include <iostream>
using namespace std;
int main()
{
    int a=3,b=4,c,d;
```

```
c=a++,b++,a+b;
cout<<" c= "<<c<<endl;
d=(a++,b++,a+b);
cout<<" d= "<<d<<endl;
}
```

运行结果如图 2-18 所示。

图 2-18   例 2-11 的运行结果

（1）逗号运算符的优先级最低。所以，在 "c=a++,b++,a+b;" 语句中，先计算赋值表达式的值，即先计算 c=a++，则 c 的结果是 3。

（2）(a++,b++,a+b) 是逗号表达式，按从左向右的顺序逐个对操作对象求值，使得 a 的值是 5，b 的值是 6，d 的值为最后一个表达式的值，即 a+b 的值是 11。

2.6.3   运算符的优先级

每个运算符都有自己的优先级和结合性。当一个表达式中包含多个运算符时，要确定运算的结果，必须首先确定运算的先后顺序，即运算符的优先级和结合性。C++ 中运算符的优先级和结合性如表 2-9 所示。

表 2-9   运算符的优先级和结合性

优先级	运 算 符	功能及说明	结合性	目
1	()	改变运算符的优先级	左结合	双目
	::	作用域运算符		
	[]	数组下标运算符		
	.、->	访问成员运算符		
	.*、->*	成员指针运算符		
2	!	逻辑非	右结合	单目
	~	按位取反		
	++、--	自增、自减运算符		
	*	间接访问运算符		
	&	取地址运算符		
	+、-	单目正、负运算符		
	(type)	强制类型转换		
	sizeof	测试类型长度		
	new、delete	动态分配、释放内存运算符		

续表

优先级	运算符	功能及说明	结合性	目
3	*、/、%	乘、除、取余	左结合	双目
4	+、-	加、减	左结合	双目
5	<<、>>	左位移、右位移	左结合	双目
6	<、<=、>、>=	小于、小于或等于、大于、大于或等于	左结合	双目
7	==、!=	等于、不等于	左结合	双目
8	&	按位与	左结合	双目
9	^	按位异或	左结合	双目
10	|	按位或	左结合	双目
11	&&	逻辑与	左结合	双目
12	||	逻辑或	左结合	双目
13	?=	条件运算符	左结合	三目
14	=、+=、-=、*=、/=、%=、<<=、>>=、&=、^=、|=	赋值运算符	右结合	双目
15	,	逗号运算符	左结合	双目

思政元素

　　在 C++ 程序设计中，运算符优先级是非常重要的概念。它决定了表达式中各个运算符的执行顺序，从而影响了程序的运行结果。了解运算符优先级对于编写正确的程序非常重要。

　　在程序设计中，我们需要具备责任意识和安全意识。如果我们在编写程序时没有考虑运算符优先级，就会导致程序出现错误或者异常情况，给使用者带来不便和风险。

　　此外，我们还需要具备创新意识和实践意识。在实际编写程序的过程中，我们需要灵活运用运算符优先级，设计出高效、简洁、可读性强的代码。这就需要我们具备创新意识和实践意识，不断探索和尝试新的编程技巧和方法。

　　因此，在 C++ 程序设计中，我们需要将责任意识、安全意识、创新意识和实践意识融入具体的实践中，灵活运用运算符优先级，编写高效、简洁、可读性强的代码，为使用者提供可靠的服务。

2.7　任务 3 实现

任务序号是 T2-3，任务名称是"实现基础款计算器的逻辑运算"。

1. 需求分析

通过本项目中的任务 1 和任务 2 实现了基础款计算器的算术运算和关系运算功能。作

为基础款计算器，除了具备算术运算、关系运算，还需要能够进行逻辑运算。通过本任务的设计，用户能进行与 && 、或 || 、非 ! 这些逻辑运算。

2. 流程设计

该任务流程图如图 2-19 所示。

项目 2 的任务 3
流程执行过程

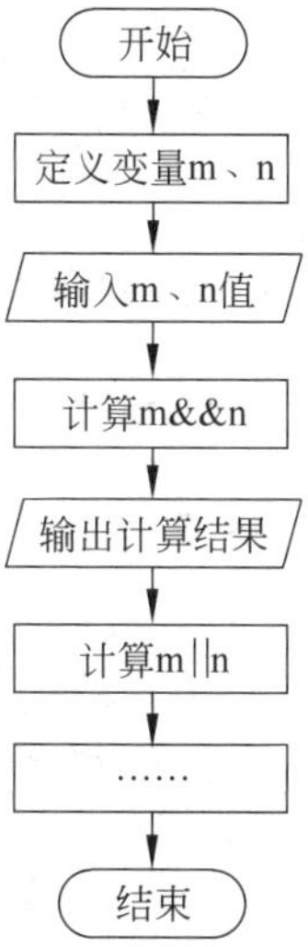

```
        ┌─────────┐
        │   开始   │
        └─────────┘
             │
      ┌──────────────┐
      │ 定义变量m、n  │
      └──────────────┘
             │
      ┌──────────────┐
      │  输入m、n值   │
      └──────────────┘
             │
      ┌──────────────┐
      │   计算m&&n    │
      └──────────────┘
             │
      ┌──────────────┐
      │  输出计算结果 │
      └──────────────┘
             │
      ┌──────────────┐
      │   计算m||n    │
      └──────────────┘
             │
      ┌──────────────┐
      │    ……        │
      └──────────────┘
             │
        ┌─────────┐
        │   结束   │
        └─────────┘
```

图 2-19　任务 3 流程图

3. 代码编写

项目参考源代码如下：

```cpp
#include <iostream>
#include <iostream>
using namespace std;
int main()
{
    //任务 1 已完成部分
    cout << "**** 欢迎使用基础款计算器 ****" << endl << endl;
    cout << "**** 算术运算 ****" << endl;
    int a, b, s;        //定义三个变量
    cout << "请输入任意的两个整数 :";
    cin >> a >> b;              //输入
    s = a + b;
    cout << a << "+" << b << "=" << s << endl;
    s = a - b;
    cout << a << "-" << b << "=" << s << endl;
    s = a * b;
    cout << a << "*" << b << "=" << s << endl;
    s = a / b;
    cout << a << "/" << b << "=" << s << endl;
    s = a % b;
    cout << a << "%" << b << "=" << s << endl;
    s = a++;
    cout << "a++" << "=" << s << endl;
```

```
        s = --b;
        cout << "--b" << "=" << s << endl << endl;

        //任务2已完成部分
        cout << "****关系运算（运算结果是1表示成立，运算结果是0表示不成立）****"
        << endl;
        int x, y, z;
        cout << "请输入任意的两个整数：";
        cin >> x >> y;
        z = x > y;
        cout << x << ">" << y << " =" << z << endl;
        z = x >= y;
        cout << x << ">=" << y << " =" << z << endl;
        z = x < y;
        cout << x << "<" << y << " =" << z << endl;
        z = x <= y;
        cout << x << "<=" << y << " =" << z << endl;
        z = x == y;
        cout << x << "==" << y << " =" << z << endl;
        z = x != y;
        cout << x << "!=" << y << " =" << z << endl << endl;
        //任务3部分
        cout << "****逻辑运算（运算结果是1表示成立，运算结果是0表示不成立）****"
        << endl;
        int m, n, t;
        cout << "请输入两个数（1/0）1表示真，0表示假：";
        cin >> m >> n;
        t = m && n;
        cout << m << "&&" << n << " =" << t << endl;
        t = m || n;
        cout << m << "||" << n << " =" << t << endl;
        t = !m;
        cout << "!" << m<< " =" << t << endl;
    }
```

4. 运行及测试

（1）生成项目，编写代码，调试程序至没有错误，如图2-20所示。

（2）输入任意两个整数进行算术运算，再次输入两个整数进行关系运算，输入1或0两个整数进行逻辑运算。运行结果如图2-21所示。

任务3运
行演示

小记录：

你在程序生成过程中发现_____个错误，错误内容如下。

_____

_____

大发现：

_____

_____

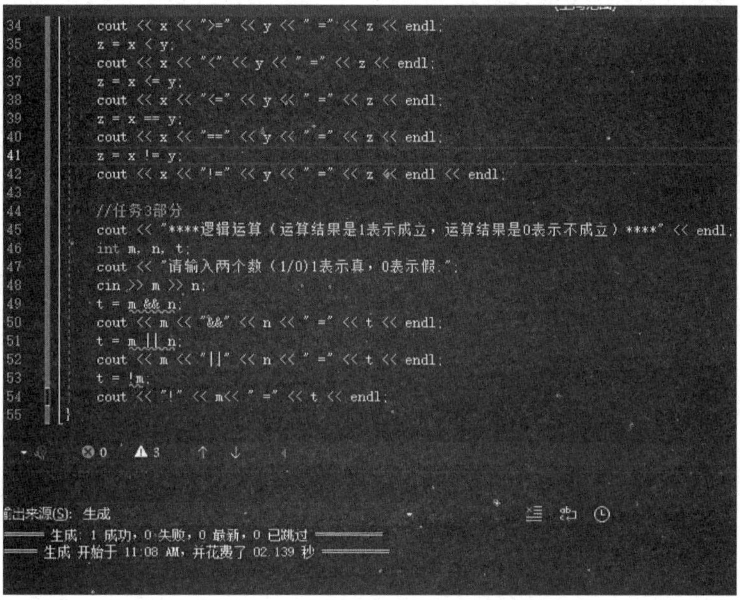

图 2-20　任务 3 源代码编写

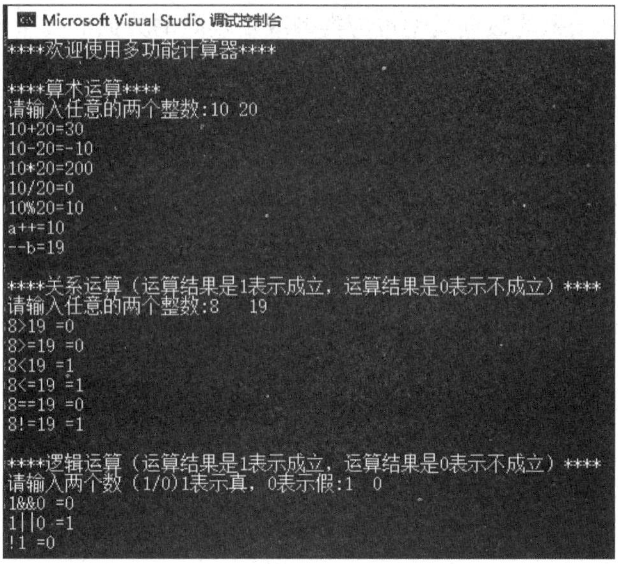

图 2-21　任务 3 的运行结果

2.8　知　识　拓　展

2.8.1　自动类型转换

　　如果在一个表达式中出现不同数据类型的数据进行混合运算时，C++ 语言用特定的转换规则将两个不同类型的操作对象自动转换成同一类型的操作对象，再进行计算，这种隐式转换的功能也称为自动转换。

 不同数据类型的转换规则如图 2-22 所示。图中箭头向左表示必定的转换。char 型、short 型的数据在混合运算中必先转换为 int 型数据，float 型数据在混合运算中必先转换为 double 型数据。这是为了提高运算精度，即使是两个 float 型数据进行运算，也都是先转换成 double 型，再进行运算。

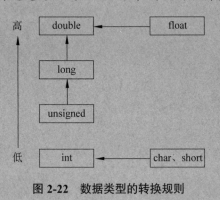

图 2-22　数据类型的转换规则

纵向的箭头表示数据类型级别的高低。当两个不同类型的数据进行运算时，按照"就高不就低"的原则进行，即运算中，类型级别较低数据的类型将被转换成类型级别较高的数据的类型，且运算结果的数据类型也为类型级别较高的数据的类型。比如一个 int 型数据和一个 double 型数据进行运算，则在运算时，int 型数据将被转换为 double 型数据，运算结果为 double 型。

例 2-12　数据自动转换应用实例。

```cpp
#include <iostream>
using namespace std;
int main()
{
    int i=5;
    char c='a';
    double d1=7.62,d2,d;
    d2=i/3+c;
    cout<<"d2="<<d2<<endl;
    d=i+c-d1*3+d2;
    cout<<"d="<<d<<endl;
}
```

运行结果如图 2-23 所示。

图 2-23　例 2-12 的运行结果

2.8.2　强制类型转换

C++允许将某种数据类型强制性地转换为另一种指定的类型,其转换的语法格式如下:

（数据类型）操作对象

或

数据类型（操作对象）

例如:

（float）8/3　//将整数 8 强制转换为 float 型,然后再除以 3,结果为 2.66667
（int）3.26　//将实型 3.26 转换为整型数,即 3,小数部分就丢失了

例 2-13　强制类型转换（double 转 int）应用实例。

```cpp
#include <iostream>
using namespace std;
int main()
{
    double d = 13.32;
    cout <<"double:"<< d << " 转 int 结果:" << (int)d << endl;
}
```

运行结果如图 2-24 所示。

图 2-24　例 2-13 的运行结果

例 2-14　强制类型转换（char 转 int）应用实例。

```cpp
#include <iostream>
using namespace std;
int main()
{
    char ch1 = '1', ch2 = 'A';
    cout << "char:"<<ch1 << " 转 int 结果:" << (int)ch1 << endl;
    cout << "char:"<<ch2 << " 转 int 结果:" << (int)ch2 << endl;
}
```

运行结果如图 2-25 所示。

图 2-25　例 2-14 的运行结果

例 2-15　强制类型转换（string 转 int）应用实例。

```cpp
#include <iostream>
using namespace std;
int main()
{
    string str1 = "1", str2 = "A";
    cout << str1 << "转 int 结果:" << (int)str1 << endl;
    cout << str2 << "转 int 结果:" << (int)str2 << endl;
}
```

运行结果如图 2-26 所示。

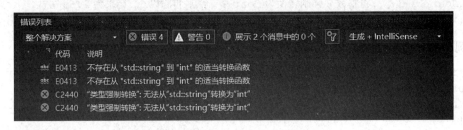

图 2-26　例 2-15 的运行结果

从运行结果分析，利用现在所学的知识，不能用强制类型转换的方法将 string 类型转换为 int 型。

2.9　项 目 改 进

对于"基础功能计算器"，我们已经完成了基本的算术运算、关系运算和逻辑运算，接下来可以从如下几个方面来完善它。

（1）增加界面功能，增加如条件运算、强制类型转换等的运算。

（2）增加分支功能，尝试在屏幕中输入两个数，然后选择运算符，再计算结果。

（3）随着后面学习的深入，可以制作"计算器"的菜单功能，实现反复计算……

2.10　你 知 道 吗

1. 国家智慧教育公共服务平台

国家智慧教育公共服务平台是由中国国家互联网信息办公室主导建设的，旨在为全国各级教育行政部门、学校、教师和学生提供智慧教育服务的综合性平台。该平台于 2018 年正式上线，目前已经覆盖了全国 31 个省（自治区、直辖市）和新疆生产建设兵团。平台的主要功能包括资源共享、学习管理、教学辅助、数据分析。

读者可以利用国家智慧教育公共服务平台进行以下学习。

（1）查找学习资源：国家智慧教育公共服务平台提供了大量的学习资源，包括课程视频、教学课件、在线测试等。读者可以根据自己的需要和兴趣，在平台上查找相关的学习资源，进行自主学习和复习。

（2）参加在线课程：国家智慧教育公共服务平台还提供了多种在线课程，包括公开课、专业课等。读者可以通过参加这些课程，扩展自己的知识面，提高自己的学习能力和水平。

（3）参与学习社群：国家智慧教育公共服务平台还提供了学习社群功能，读者可以加入相关的社群，与其他学生交流学习经验和心得，共同探讨问题，促进学习效果的提高。

（4）利用数据分析工具：国家智慧教育公共服务平台还提供了数据分析工具，可以帮助读者了解自己的学习情况和进度，发现问题并及时调整学习计划和方法。

总之，读者可以充分利用国家智慧教育公共服务平台进行自主学习和提高自己的学习能力，同时也可以与其他学习者交流和分享学习经验，共同进步。

2. 人工智能

人工智能（artificial intelligence, AI）是一种通过计算机系统实现类似人类智能的技术。人工智能技术包括机器学习、自然语言处理、计算机视觉、知识表示和推理等多个子领域，这些技术可以使计算机系统具有感知、理解、学习、推理、决策和行动等类似于人类智能的能力。

人工智能技术在各个领域都有广泛的应用，例如语音识别、图像识别、自然语言处理、智能机器人、自动驾驶汽车、智能家居等等。随着技术的不断发展，人工智能将会越来越深入人们的生活和工作中，为人们带来更多的便利和创新。

（1）ChatGPT。ChatGPT（chat generative pre-trained transformer）是美国 OpenAI 研发的聊天机器人程序，于 2022 年 11 月 30 日发布。ChatGPT 是人工智能技术驱动的自然语言处理工具，它能够通过理解和学习人类的语言来进行对话，还能根据聊天的上下文进行互动，真正像人类一样来聊天交流，甚至能完成撰写邮件、视频脚本、文案、翻译、代码，写论文等任务。

（2）讯飞星火。讯飞星火认知大模型是由科大讯飞自主研发，基于讯飞最新的认知智能大模型技术，经历了各类数据和知识的充分学习训练，可以和人类进行自然交流，解答问题，高效完成各领域认知智能需求。

（3）文心一言。文心一言是百度全新一代知识增强大语言模型。文心大模型家族的新成员能够与人对话互动，回答问题，协助创作，高效、便捷地帮助人们获取信息和灵感。文心一言是知识增强的大语言模型，基于飞桨深度学习平台和文心知识增强大模型，持续从海量数据和大规模知识中融合学习并具备知识增强、检索增强和对话增强的技术特色。

想一想

1. 指出下面各项是标识符、关键字还是常量？
① ab　　　　② 5　　　　③ new　　　　④ 'j'　　　　⑤ true　　　　⑥ 045
⑦ "a"　　　　⑧ goto　　　　⑨ bm　　　　⑩ if　　　　⑪ "horse"　　　　⑫ 0xab

2. 指出下面的标识符是否合法。
① void　　　② dem　　　③ w*e　　　④ long　　　⑤ fn
⑥ struct　　　⑦ &abc　　　⑧ 3a　　　⑨ _ad　　　⑩ a5

3. 判断对错。
（1）如果 a 为 false，b 为 true，则 a&&b 为 true。

（2）如果 a 为 false，b 为 true，则 a||b 为 true。

4. 请指出下面的表达式是否合法，如合法，指出是哪一种表达式。

① %h　　　　　② 3+4　　　　　③ o+i　　　　　④ 5>=(m+n)

⑤ !mp　　　　　⑥ 5%k　　　　　⑦ a= =b　　　　⑧（d=3）>k

⑨ z&&(k*3)　　⑩ b%*c

做一做

1. 商场的每个商品都需要打印销售标签，上面包含商品名称、销售价格、包装规格、产地等信息，现有晨光盒装牛奶，每盒 2.5 元，每盒容量 250mL，产地深圳，生产日期为 2023 年 3 月 23 日。请编程序打印一个标签。

2. 到期末了，老师要求李明帮忙计算一下班里每个同学语文、数学、英语的总分和平均成绩。李明就想编一个程序从键盘输入一名同学的 3 门课程成绩，计算总分和平均成绩并输出，这样就可以把每名同学的总分和平均成绩计算出来了。

3. 输入一个整数 a，编程求出它的十位上的数是什么。

4. 从键盘输入一个 3 位数，求该数个位、十位、百位上的数的和。

5. 从键盘输入三个整数，输出最大整数。

在线测试

扫描下方二维码，进行项目 2 在线测试。

项目 2 在线测试

项目 3
模拟 ATM 工作流程

知识目标:

（1）掌握程序设计语言的控制结构种类。

（2）熟练掌握分支语句 if 与 switch 的用法。

（3）熟练掌握循环语句 for 与 while 的用法。

（4）理解和熟练掌握函数的定义与使用。

（5）了解编译预处理的种类。

技能目标:

（1）能够使用分支语句实现分支。

（2）能够使用循环语句实现循环。

（3）能够进行模块化程序设计。

（4）通过编译预处理优化编程环境，提高编程效率。

素质目标:

（1）解决问题的能力。

（2）规范化、标准化的代码编写习惯。

（3）模块化思维能力。

思政目标:

（1）培养学生刻苦钻研的工匠精神。

（2）培养学生的团队合作精神，学会与他人合作、协调和沟通，共同完成任务。

（3）培养学生的国际视野和科技自信，让他们了解不同国家的科技发展现状，增强自己的国际竞争力和自信心。

（4）培养学生的安全意识和法律意识。

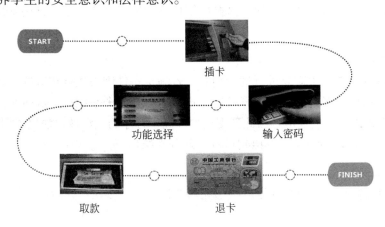

3.1 项 目 情 景

为积极学习贯彻党的二十大精神，推进各项高质量发展。某银行分行需要开发建设一个 ATM 自动取款系统，某软件公司接到项目后，经过与银行多次沟通，确定了项目的功能需求。

ATM 功能：插入银行卡之后，输入密码，然后根据提示选择不同的功能（取款、查询、存款、转账、退卡等）进行多种操作。功能选择可以反复进行。最后退出系统。

为了最终实现该项目，某软件公司将项目分成以下三个任务，如表 3-1 所示。

表 3-1　任务清单

任务序号	任 务 名 称	知 识 储 备
T3-1	使用分支语句实现 ATM 单次操作	• 分支语句 if else • 分支语句 switch • 中断语句 break
T3-2	使用循环语句实现 ATM 反复操作	• 循环语句 for • 循环语句 while • 循环语句 do…while
T3-3	使用模块化程序设计，让 ATM 流程简洁、易操作	• 函数定义 • 函数调用 • 全局变量和局部变量

3.2 任务 1 相关知识

3.2.1 程序控制结构概述

程序的三种
控制结构

程序的基本组成单位是语句，任何一个程序都是由若干条语句组成的。语句的执行顺序即程序的控制结构包括以下三种。

1. 顺序结构

所有的程序均按照其语句先后顺序自上而下地执行，执行完一条语句才去执行下一条语句。每条语句执行且只执行一次。这样的结构称为顺序结构。顺序结构是最基本的程序结构。

2. 分支结构

在程序的执行过程中需要进行逻辑判断，若满足条件则去执行相应的语句。这样程序可以通过一个条件在多个可能的运算或处理步骤中选择一个来执行，从而使计算机根据条件的真假能够做出不同的反应。因此分支结构提高了程序的灵活性，强化了程序的功能。

在 C++ 中，if 语句和 switch 语句可以实现分支结构。

3. 循环结构

程序执行过程中，有时候对于一些语句需要连续执行多次，这时可以使用循环结构。

　　循环结构可以通过 for 语句和 while 语句实现。对于 while 语句来说，还存在多种不同的组织形式。

　　为了更加准确地表述程序的三种控制结构，给出三种结构对应的程序流程图如图 3-1 所示。

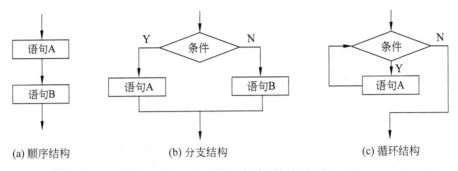

(a) 顺序结构　　　　　　(b) 分支结构　　　　　　(c) 循环结构

图 3-1　三种控制结构的流程图

3.2.2　if 语句

　　if 语句用于实现程序的分支结构，包括单分支、双分支、多分支等多种。

1. 单分支的 if 语句

　　单分支的 if 语句根据表达式的判断结果决定是否执行 if 语句对应的程序段。若表达式为真，则执行相应的代码，若表达式为假，则不执行代码。其执行过程如图 3-2 所示。

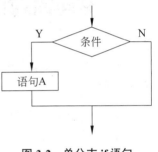

单分支 if 语句的使用

图 3-2　单分支 if 语句

　　单分支 if 语句的格式如下：

```
if ( 表达式 )
{
    语句 A
}
```

　　（1）小括号里面的表达式可以为任何合法的表达式，包括常量表达式、算术表达式、关系表达式、逻辑表达式和赋值表达式。其结果只有两种情况：真和假。若表达式为真，则执行代码 A；若表达式为假，则跳出 if 去执行其后面的语句。

　　（2）if（表达式）后面不能加分号。

　　（3）当语句 A 包含多行代码时，必须使用大括号 {} 将所有的语句括起来。

　　例 3-1　设计一个程序，用户从键盘上输入一个大写字母，将其转化为相应的小写字母。

　　分析：当计算机读入一个字符时，实际上存储的是该字符对应 ASCII 码值。大写字母的 ASCII 码范围是 65~90，小写字母的 ASCII 码范围是 97~122。所以一旦判定用户输入的字符是大写字母，只需为其加 32 即可变成相应的小写字母。

程序源代码：

```cpp
#include <iostream>
using namespace std;
int main()
{
    char x;
    cout << "x = " ;
    cin >> x;
    if (x >= 65 && x <= 90)
        cout << char(x + 32) << endl;
}
```

运行结果如图 3-3 所示。

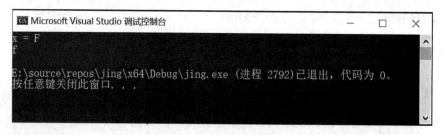

图 3-3　例 3-1 的运行结果

练一练：输入学生成绩，如果成绩大于或等于 60 分，输出及格。

双分支 if 语句的使用

2. 双分支的 if 语句

双分支的 if 语句是最常用的 if 语句形式。其执行过程是首先判断表达式是否成立，若表达式成立，则执行语句 A；若表达式不成立，则执行语句 B。其执行过程如图 3-4 所示。

双分支 if 语句的格式如下：

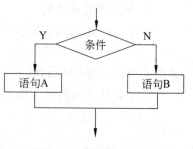

图 3-4　双分支的 if 语句

```cpp
if(表达式)
{
    语句A
}
else
{
    语句B
}
```

说明

（1）当表达式成立时，执行语句 A 对应的代码；当表达式不成立时，执行语句 B 对应的代码。

（2）若语句 A 或语句 B 由多条语句构成，需要使用大括号分别将其括起来。

（3）else 只能与 if 配对使用，不可以单独使用。

（4）一个 if 只能与一个 else 配对。

例 3-2 判断变量 a 是不是一个偶数，如果 a 是一个偶数，则输出 a 是偶数，否则输出 a 是奇数。

分析： 一个整数对 2 取余为 0 则是偶数，为 1 则是奇数。

程序源代码：

```cpp
#include <iostream>
using namespace std;
int main()
{
    int a;
    cout << "a=";
    cin >> a;
    if (a % 2 == 0)
        cout << a << "是偶数。" << endl;
    else
        cout << a << "是奇数。" << endl;
}
```

运行结果如图 3-5 所示。

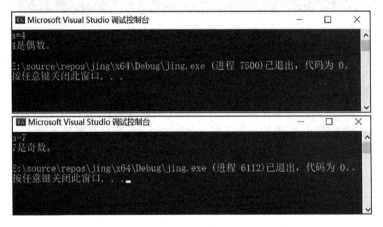

图 3-5　例 3-2 的运行结果

例 3-3 修改例 3-1 为：设计一个程序，用户从键盘上输入一个字母，若输入的是大写字母，则将其转换为小写字母输出；若输入的为小写字母，则将其转化为大写字母输出。

分析： 还是根据 ASCII 码的值进行判断，若用户输入的为大写字母，需要为其加上 32 并转化为小写字母输出；若用户输入的为小写字母，则需要为其减去 32 并转化为大写字母输出。

程序源代码：

```cpp
#include <iostream>
using namespace std;
int main()
{
    char x;
```

```
cout << "x=";
cin >> x;
if (x >= 65 && x <= 90)
    cout << char(x + 32) << endl;
else
    cout << char(x - 32) << endl;
}
```

运行结果如图3-6所示。

图3-6　例3-3的运行结果

练一练：输入学生成绩，如果成绩大于或等于60分，输出"及格"，否则输出"不及格"。

多分支if语句的使用

3. 多分支的 if 语句

多分支的 if 语句可以设定多个条件，计算机先判断条件1是否成立，若成立则执行对应的代码段1，执行完毕退出 if 语句；若条件1不成立，则去判断条件2是否成立，若成立则执行对应的代码段2，若不成立则继续判断条件3是否成立……以此类推。当所有列出的条件都不成立时，去执行 else 对应的代码段，从而退出 if 语句。其执行过程如图3-7所示。

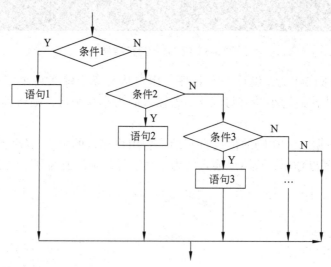

图3-7　多分支 if 语句

多分支 if 语句的格式如下：

```
if(表达式 1)
{
    语句 A
}
else if(表达式 2)
{
    语句 B
}
else
{
    语句 C
}
```

（1）在多分支语句中，eles if 可以有多个，但是 else 最多只能有一个，一个 if 只能与一个 else 配对。

（2）多分支 if 根据具体情况也可以没有 else。

（3）以上多分支的实现实质上是在双分支语句的 else 部分嵌套了其他的 if 语句。双分支的基本格式如下：

```
if（表达式）
{
    语句 A
}
else
{
    语句 B
}
```

其中的语句 A 与语句 B 部分均可出现其他的 if…else…语句，这称为 if 语句的嵌套。当 else 部分嵌套出现新的 if…else…语句时，其格式如图 3-8 中的（a）所示。对其结构进行简化，即形成了多分支的一般格式，如图 3-8 中的（b）所示。

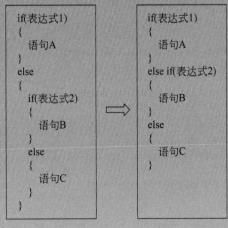

(a) 在 else 中嵌套双分支　　(b) 多分支的一般格式

图 3-8　在 else 中嵌套分支语句最终实现多分支

同理，嵌套的 if 语句也可以放在双分支语句的 if 部分，其格式如下：

```
if(表达式1)
{  2
    if(表达式2)
    {
        语句A
    }
    else
    {
        语句B
    }
}
else
{
    语句C
}
```

（4）在含有嵌套的分支语句中，往往出现多个 else 语句，每个 else 与离它最近的、尚未有 else 配对的 if 进行配对。

例 3-4 继续修改例 3-1。设计一个程序，用户从键盘上输入一个字符，若输入的是大写字母，则将其转换为小写字母输出；若输入的为小写字母，则将其转化为大写字母输出；若输入的是数字字符，则输出该数字；若输入的为其他字符，则输出"其他字符！"。

分析：根据 ASCII 码值进行判断，若用户输入字符范围为 65~90，则将其修改为小写字母；若用户输入字符范围为 97~122，则将其修改为大写字母；若用户输入范围为 48~57，则直接输出该字符；若用户输入字符不在以上范围，则输出"其他字符！"。由于存在多个判断条件，所以使用多分支 if 来实现。

程序源代码：

```cpp
#include <iostream>
using namespace std;
int main()
{
    char x;
    cout << "x=";
    cin >> x;
    if (x >= 65 && x <= 90)
        cout << char(x + 32) << endl;
    else if (x >= 97 && x <= 122)
        cout << char(x - 32) << endl;
    else if (x >= 48 && x <= 57)
        cout << x << endl;
    else
        cout << "其他字符！ " << endl;
}
```

运行结果如图 3-9 所示。

例 3-5 用户在键盘上输入一个年份和月份，计算机输出对应的月份有多少天。

分析：若用户输入的月份是 1、3、5、7、8、10、12 月，则直接输出 31 天即可；若用

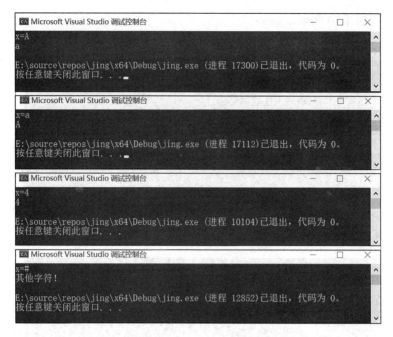

图 3-9 例 3-4 的运行结果

户输入的月份是 4、6、9、11 月，则直接输出 30 天即可；若用户输入的是 2 月，则还需要去判断年份是否为闰年，闰年的 2 月有 29 天，平年的 2 月有 28 天。所以当满足用户输入的月份为 2 时，需要在相应的程序段中再写一个 if 语句，来区分最终的输出到底是 28 还是 29。

程序源代码：

```cpp
#include <iostream>
using namespace std;
int main()
{
    int year,month;
    cout<<" 请输入相应的年份 "<<endl;
    cin>>year;
    cout<<" 请输入相应的月份 "<<endl;
    cin>>month;
    if(month==1||month==3||month==5||month==7||month==8||month==10||month==12)
        cout<<year<<" 年 "<<month<<" 月有 31 天! "<<endl;
    else if(month==4||month==6||month==9||month==11)
        cout<<year<<" 年 "<<month<<" 月有 30 天! "<<endl;
    else
        {
        if(year%4==0&&year%100!=0||year%400==0)
            cout<<year<<" 年 "<<month<<" 月有 29 天! "<<endl;
        else
            cout<<year<<" 年 "<<month<<" 月有 28 天! "<<endl;
        }
}
```

程序设计基础立体化教程（C++）

运行结果如图 3-10 所示。

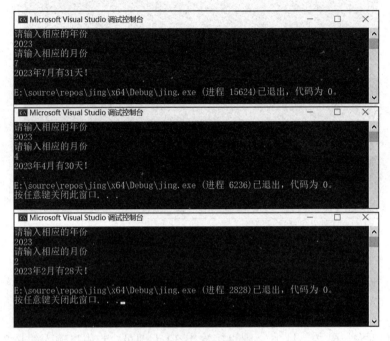

图 3-10　例 3-5 的运行结果

例 3-6　模拟某应用系统登录时的验证流程。

分析：假设用户名为 admin，密码为 123456，提示用户输入用户名，如果错误，则提示"用户名输入错误"；如果用户名正确，再提示用户输入密码，若密码正确，提示用户"已进入系统"，否则提示用户"密码输入错误"。

程序源代码：

```cpp
#include <iostream>
using namespace std;
int main()
{
    string name, ps;
    cout << "请输入用户名:";
    cin >> name;
    if (name == "admin")
    {
        cout << "请输入密码:";
        cin >> ps;
        if (ps == "123456")
        {
            cout << "已进入系统！" << endl;
        }
        else
        {
            cout << "密码输入错误！" << endl;
        }
    }
```

```
    else
    {
        cout << "用户名输入错误! " << endl;
    }
}
```

运行结果如图 3-11 所示。

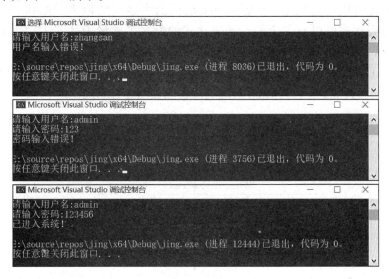

图 3-11　例 3-6 的运行结果

思政元素

　　　　每一次登录系统，都要进行用户名和密码的验证。只有验证通过才会允许进入系统。在现实生活中，我们经常会遇到这种情况。比如，登录邮箱，登录微信，登录手机银行等 App，登录企业的管理系统……近年来，个人信息泄露事件屡见不鲜，数据买卖黑灰产业链久斩不断，数据安全事故频发，网民对数据安全治理的需求飙升。用户名和密码验证就是我们保护自己信息的第一道屏障。

　　　　大学一年级正是人格发展、世界观形成的关键时期，也是树立安全意识的关键时期，所以，培养学生的安全意识非常重要。

　　练一练：设计程序实现学生成绩自动分等级。输入学生成绩，如果成绩小于或等于 100 并且大于或等于 90 则输出优秀，如果小于 90 并且大于或等于 80 则输出良好，如果小于 80 并且大于或等于 70 则输出中等，如果小于 70 并且大于或等于 60 则输出及格，否则输出不及格。

3.2.3　switch 语句

　　switch 语句也称为开关语句，它是多路分支的控制语句，基本格式如下：

```
switch(< 表达式 >)
{
```

```
    case <常量表达式 1> :    程序段 1
    case <常量表达式 2> :    程序段 2
    …
    case <常量表达式 n> :    程序段 n
    default: 程序段 n+1;
}
```

switch 语句的执行过程是：根据 switch 后面的表达式的值来判断执行哪一个分支。switch 后面的表达式可以有多个值，若表达式的值等于常量表达式 1，则进入程序代码 1 开始执行；若表达式的值等于常量表达式 2，则进入程序代码 2 开始执行；以此类推，若表达式的值等于常量表达式 n，则进入代码 n；当表达式的值不等于任何一个常量表达式时，执行 default 里面的代码 n+1。switch 对应的流程图如图 3-12 所示。

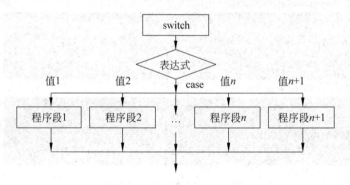

图 3-12　switch 语句流程图

（1）case 之后必须是常量且值必须互不相同。

（2）switch 之后的表达式只能是整型、字符型或枚举类型。

（3）多个 case 语句可以共用一组程序代码，此时每个常量表达式后面的冒号不可省略。

（4）case 的顺序是任意的。

（5）当一个 case 语句对应的代码包含多行时，多行代码可以不使用大括号括起来。

（6）default 语句可是视情况而省略。

当表达式的值与某一个 case 后面的常量匹配时，程序即从这个 case 开始进入代码段执行。当执行完这个 case 对应的代码段时，并不是退出整个 switch 语句，而是不经判断地直接执行该 case 语句后面所有的代码。例如，若表达式的值与常量表达式 1 匹配，则程序从代码 1 开始进入 switch，依次执行代码 1，代码 2，…，代码 n 和代码 n+1，直至遇到 switch 语句的结束大括号时才退出 switch 语句。这显然不符合多分支判断的本意。要解决这一问题，需要在每个 case 对应的代码段后面加上 break 语句。break 的作用是跳出 switch 语句，这样 switch 的基本格式发生了变化。

```
switch(< 表达式 >)
{
    case < 常量表达式 1> :    程序段 1; break;
    case < 常量表达式 2> :    程序段 2; break;
    …
    case < 常量表达式 n> :    程序段 n; break;
    default:    程序段 n+1;
}
```

 　　当表达式与常量表达式 1 匹配时，即进入 switch 开始执行程序段 1。执行完毕遇到 break 语句，随即退出了整个 switch，改去执行 switch 后面的语句。对于最后一个分支 default 来说，由于执行完 default 后面的代码就遇到了结束大括号，因此没有必要再写 break 语句。

例 3-7　编写程序，用户输入一个年龄，若年龄大于或等于 130 则输出"神仙"，若年龄为 60~130 则输出"老年"，若年龄为 40~60 则输出"中年"，若年龄为 20~40 则输出"青年"，若年龄为 10~20 则输出"少年"，若年龄小于或等于 10 则输出"童年"。

分析：用户的输入是一个大于 0 的正整数，根据这个正整数可以确定计算机的输出。但是 case 语句后面的常量表达式是一个值，不能是一个范围，所以如果直接将用户的输入 age 作为表达式，根据题目需要列举出 130 个常量表达式。而根据题目分析，考虑到"age/10"的范围是 0~13，所以将 age/10 作为表达式可以大大简化程序。

程序源代码：

```cpp
#include <iostream>
using namespace std;
int  main()
{
    int age;
    cout << " 请输入年龄: age=";
    cin >> age;
    switch (age / 10)
    {
        case  0:
            cout << " 童年 "; break;
        case  1:
            cout << " 少年 "; break;
        case  2: case 3:
            cout << " 青年 "; break;
        case  4: case 5:
            cout << " 中年 "; break;
        case  6: case 7: case 8: case 9: case 10: case 11: case 12:
            cout << " 老年 "; break;
        default:
            cout << " 神仙! ";
    }
}
```

运行结果如图 3-13 所示。

图 3-13　例 3-7 的运行结果

　　例 3-8　设计地铁站自动售票机售票系统，模拟北京市地铁 2 号线某车站自动售票机售单程票的过程。按要求选到达站及投币，系统出票的过程能让用户准确无误地完成一次购票操作。

　　分析： ①选到达站：用显示菜单方式显示各车站名，然后按相应的车站编号选择。②投币：按到达站的票价，以输入方式输入投币金额。③出票：提示用户取票和找零。④具有良好的提示，提示用户购票步骤。⑤对于用户的误操作也给出友好的提示。⑥实际开发和应用中情况会更加复杂，读者可以尝试实现。

　　北京市 2 号地铁线各站如图 3-14 所示。

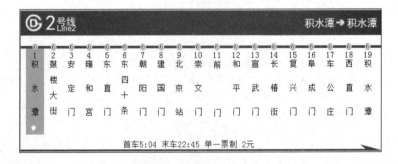

图 3-14　北京市 2 号地铁线

程序源代码：

```cpp
#include <iostream>
using namespace std;
//当前站点是积水潭
int main()
{
    int sel,money1,money2;
    cout<<"\t\t 欢迎使用北京地铁自动售票系统 "<<endl;
    cout<<"\t 积水潭 ---------1"<<endl;
    cout<<"\t 鼓楼大街 -------2"<<endl;
    cout<<"\t 安定门 ---------3"<<endl;
    cout<<"\t 雍和宫 ---------4"<<endl;
    cout<<"\t………………………"<<endl;
    cout<<" 请输入到站编号 :";
    cin>>sel;
    switch(sel)
    {
        case 1:
            cout<<" 您现在的站点就是积水潭站，请选择其他站点 "<<endl;
            break;
        case 2:
            cout<<" 请投币（多于或等于 2 元的硬币或完整纸币）:";
            cin>>money1;
            money2=money1-2;
            cout<<" 请在出票口取走您到达鼓楼大街的车票 "<<endl;
            if(money2>0)
                cout<<" 请在找零口取走您的找零 "<<money2<<" 元 "<<endl;
            break;
        case 3:
            cout<<" 请投币（多于或等于 2 元的硬币或完整纸币）:";
            cin>>money1;
            money2=money1-2;
            cout<<" 请在出票口取走您到达安定门的车票 "<<endl;
            if(money2>0)
                cout<<" 请在找零口取走您的找零 "<<money2<<" 元 "<<endl;
            break;
        case 4:
            cout<<" 请投币（多于或等于 2 元的硬币或完整纸币）:";
            cin>>money1;
            money2=money1-2;
            cout<<" 请在出票口取走您到达雍和宫的车票 "<<endl;
            if(money2>0)
                cout<<" 请在找零口取走您的找零 "<<money2<<" 元 "<<endl;
            break;
        default:
            cout<<" 您的选择有误，2 号线不能到达您的目的地。"<<endl;
    }
}
```

运行结果如图 3-15 所示。

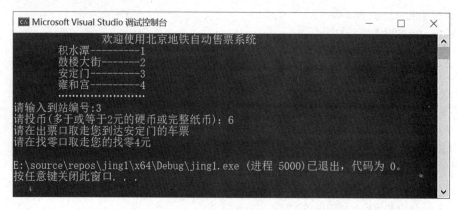

图 3-15　例 3-8 的运行结果

练一练：设计程序实现学生成绩自动分等级。输入学生成绩，如果成绩小于或等于 100 分并且大于或等于 90 分则输出"优秀"，如果小于 90 分并且大于或等于 80 分则输出"良好"，如果小于 80 分并且大于或等于 70 分则输出"中等"，如果小于 70 分并且大于或等于 60 分则输出"及格"，否则输出"不及格"。（使用 switch 语句实现，并与之前使用 if-else 语句进行对比。）

3.3　任务 1 实现

任务序号是 T3-1，任务名称是"使用分支语句实现 ATM 单次操作"。

1. 需求分析

ATM 单次工作流程为插卡、密码输入、选择一个功能、退卡。其中插卡可使用输入任意键的方式完成，退卡即退出系统，使用 exit(1) 方法完成；密码验证环节中可假设银行卡密码为 123，此环节需要使用 if 双分支语句实现，密码正确才允许用户进入系统进行功能选择；功能选择中可假设 ATM 机器具备查余额、取款、存款等功能，根据用户的选择，执行不同的功能，该环节可以使用 if 多分支语句或 switch 语句来实现。

2. 流程设计

该项目流程设计如图 3-16 所示。

3. 代码编写

参考源代码如下：

```
#include <iostream>
using namespace std;
#include "stdlib.h"
```

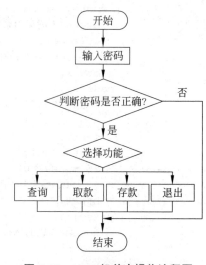

图 3-16　ATM 机单次操作流程图

```cpp
int main()
{
    int ps,sel;
    cout<<"\t***************ATM****************"<<endl;
    cout<<" 请输入密码: ";
    cin>>ps;
    if(ps==123)
    cout<<"\t************ 欢迎使用 ATM*************"<<endl;
    else
    {
        cout<<" 密码输入错误！"<<endl;
        exit(1);
    }
    cout<<"\t\t 查询 .............1"<<endl;
    cout<<"\t\t 取款 .............2"<<endl;
    cout<<"\t\t 存款 .............3"<<endl;
    cout<<"\t\t 退出 .............0"<<endl;
    cout<<" 请输入选择: ";
    cin>>sel;
    switch(sel)
    {
    case 1:
        cout<<" 进行查询操作 "<<endl;
        break;
    case 2:
        cout<<" 进行取款操作 "<<endl;
        break;
    case 3:
        cout<<" 进行存款操作 "<<endl;
        break;
    case 0:
        exit(1);
    default:
        cout<<" 不存在该选择 "<<endl;
    }
}
```

说明

　　exit() 函数的作用是退出当前运行的程序，并将参数 value 返回给主调进程，需要包含头文件 stdlib.h。#include 是 C++ 的编译预处理命令，它的作用包含对应的文件。#include 有两种不同的写法，即 #include<***.h> 和 #include"***.h"。采用 #include<***.h> 方式进行包含的头文件表示让编译器在编译器的预设标准路径下去搜索相应的头文件，如果找不到就报错。采用 #include "***.h" 表示先在工程所在路径下搜索，如果失败，再到系统标准路径下搜索。所以，特别要注意的是，如果是标准库头文件，那么既可以采用 < > 的方式，又可以采用 " "的方式，而用户自定义的头文件只能采用 " " 的方式。

思政元素

　　1967 年 6 月 27 日，世界上第一台自动取款机在伦敦附近的巴克莱银行分行亮相。1987 年我国引进了第一台 ATM 机。目前中国已经取代日本成为全球第二大 ATM 市场。

　　2015 年，清华大学与梓昆科技（中国）股份有限公司等联合研发的我国首台 ATM 机正式发布。这是全球第一台具有人脸识别功能的 ATM 机。这款 ATM 机不仅实现自主研发、设计和生产，整体性能超越了国际同类产品，而且在多国货币（包括塑料币）的识别、鉴伪、全图像分析、冠字号识别、处理速度等核心指标上实现了超越，性能比同类相关产品提高 20%。

　　长期以来，在我国的金融设备领域，各类金融电子设备经历了从依赖进口到逐步实现自主研发、生产的发展过程。目前在主要的金融设备中，点验钞机、中小型清分机、自动捆扎机等基本已经实现了自主研发和自主生产，为国家金融货币安全奠定了基础。

　　其他国家发达的科技让我们开阔了视野。同时，中国科技发展突飞猛进，科技实力显著增强，极大地增强了我们的科技自信和文化自信，增强了民族自信心和自豪感。大学生作为未来科技发展的骨干力量，更要认识到科技兴国、科技强国的重要性，认真学习、刻苦钻研，以"大国工匠"为目标，让自己成长为高素质技术技能人才、能工巧匠，更好地服务于国家的发展和建设，为中国式现代化注入强大动力。

4. 运行并测试

（1）生成项目，输入源代码，调试程序至没有错误，如图 3-17 所示。

图 3-17　任务 1 源代码编写

（2）尝试不同情况的多次输入，观察输出结果。

① 密码输入测试。输入错误的密码后，会提示"密码输入错误！"，如图 3-18 所示。

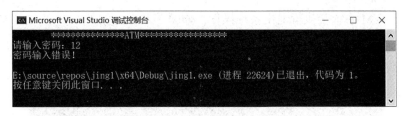

图 3-18 密码错误测试

② 功能测试。密码正确后进入系统。根据功能提示,输入 1,ATM 系统会执行查询操作,如图 3-19 所示。

图 3-19 选择功能 1

输入 2,ATM 系统会执行取款操作,如图 3-20 所示。

图 3-20 选择功能 2

输入 3,ATM 系统会执行存款操作,如图 3-21 所示。

图 3-21 选择功能 3

输入 0，ATM 系统会执行退出系统操作，如图 3-22 所示。

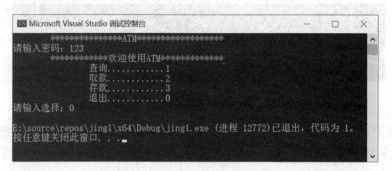

图 3-22　选择功能 0

任务 1 的
运行

输入 7，ATM 系统会提示"不存在该选择"，如图 3-23 所示。

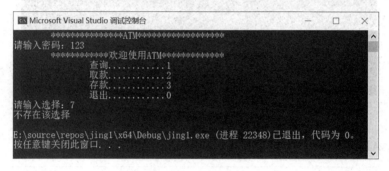

图 3-23　选择功能 7

3.4　任务 2 相关知识

C++ 程序设计语言中实现循环结构的语句有三种：for 语句、while 语句、do...while 语句。

3.4.1　for 语句

for 语句是一种常用的循环控制语句，它的基本格式如下：

```
for(< 表达式 1>;< 表达式 2>;< 表达式 3>)
{    < 循环体 >  }
```

（1）表达式 1 的作用是循环变量的初始化，即为循环变量赋一个初始值。该语句在循环之前执行，且只执行一次。

（2）表达式 2 为循环条件表达式，控制循环的执行。当表达式 2 为真时，重复执行循环；当表达式 2 为假时，退出循环并转去执行循环后面的语句。

（3）表达式 3 的作用是修改循环变量的值。该表达式在每次执行完循环体后、下一次循环条件判断之前执行，这样与循环判断条件有关的循环变量会不断被修改，当其不满足循环判断条件时退出循环。

for 语句的流程图如图 3-24 所示。

概括地说，表达式 1 表示循环变量的初值，表达式 2 表示循环变量的循环条件，表达式 3 表示循环变量的改变。这三点是循环构成的三要素，任何的循环语句都要有这三个要素。若这三个要素编写不当，往往造成循环语句永远无法退出，这种情况称为"死循环"。"死循环"在语句上没有错误，因此编译时不会被系统检测出来，但是逻辑上的错误却是致命的。在编写循环语句时，一定要避免出现"死循环"。

例 3-9 用户输入一个自然数 n，编写程序计算前 n 个自然数的和。

分析： 计算自然数的和需要重复地进行加法运算，当类似的代码需要多次执行时，考虑用循环语句实现。循环语句需要明确循环的三要素。设置循环变量为 i，因为要计算自然数的和，所以 i 的初始值为 1，循环的执行条件为 i<=n，每次执行完加法运算后，i 的值加 1 准备进行下一次的运算。

图 3-24 for 语句的流程图

程序源代码：

```cpp
#include <iostream>
using namespace std; .
int main()
{
    int i, n, sum = 0;
    cout << "请输入自然数 n:" << endl;
    cin >> n;
    for(i = 1; i <= n; i++)
        sum += i;
    cout << "sum=" << sum << endl;
}
```

运行结果如图 3-25 所示。

图 3-25 例 3-9 的运行结果

for 语句的使用

练一练： 设计一个程序，使用 for 循环实现 $1 \times 2 \times 3 \times 4 \times 5 \times \cdots \times n$（即 $n!$）的值。

例 3-10 学生成绩管理系统需要录入学生的成绩，请编写程序模拟该过程。

分析： 假设成绩的有效范围是 0~100，若成绩小于 0 或者大于 100，则提示用户重新输入；如果成绩在 0~100，则录入成功。假设用户有三次输入机会。

程序源代码：

```
#include <iostream>
using namespace std;
int main()
{
    int n,i;
    for(i = 1; i <= 3; i++)
    {
        if(i==1)
            cout << "请输入成绩:";
        else
            cout << "请重新输入成绩:";

        cin >> n;
        if(n>=0&&n<=100)
        {
            cout << "成绩录入成功" << endl;
            break;
        }
        else
            cout << "成绩不合法! " << endl;
    }
}
```

运行结果如图 3-26 所示。

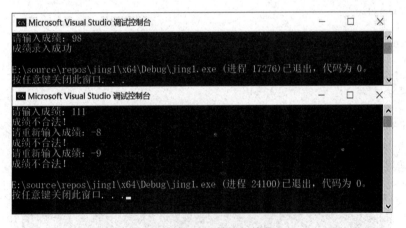

图 3-26 例 3-10 的运行结果

例 3-11 编写一个程序，显示出 2000—3000 年的所有的闰年，每行输出 10 个年份。

分析： 闰年的判断需要使用分支语句实现。对于 2000~3000 的每个数值 i，调用分支语句进行判断，若是闰年则将其输出，若不是闰年则不执行任何操作即可。判断完 i 后执行 i++，准备进行下一个数值的判断。为了控制每行输出 10 个，设置一个 count 变量进行输出计数，若 count 可以被 10 整除，则输出一个换行符。

程序源代码：

```cpp
#include <iostream>
using namespace std;
int main()
{
    int i, count = 0;
    for(i = 2000; i <= 3000; i++)
    {
        if(i % 4 == 0 && i % 100 != 0 || i % 400 == 0)
        {
            cout << i << "   ";
            count++;
            if(count % 10 == 0)
                cout << endl;
        }
    }
    cout << endl;
}
```

运行结果如图 3-27 所示。

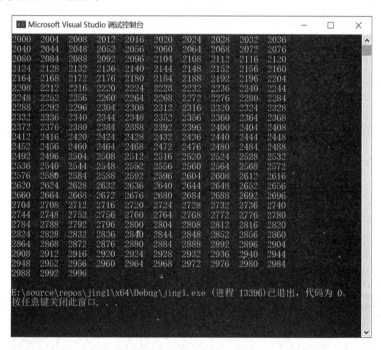

图 3-27　例 3-11 的运行结果

3.4.2　while 语句

while 循环的基本格式如下：

```
while(< 循环条件表达式 >)
{ < 循环体 > }
```

while 语句执行时先判断循环条件表达式的值，若值为真则执行循环体中的语句，执行完毕后再判断条件表达式是否成立；若值为假则直接退出循环。它执行过程如图 3-28 所示。

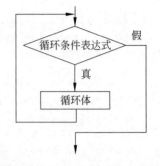

图 3-28   while 语句的执行过程

作为循环结构的一种表现形式，while 语句也需要预备循环的三要素。其中，循环变量的初始化要放在 while 语句之前，循环变量的结束条件即 while 后面的循环条件表达式，而循环变量的改变需要放在循环体内实现。如果循环体内没有改变循环变量的值，将造成死循环。

当循环体由多条语句构成时，需要使用大括号将其括起来。

例 3-12   使用 while 语句实现例 3-9。

分析：使用 while 求 n 个自然数的和时，要在进入 while 语句之前为循环变量赋初值，循环体中除了要进行加法运算外，还需要对循环变量进行改变。

程序源代码：

```cpp
#include <iostream>
using namespace std;
int main()
{
    int i, n, sum = 0;
    cout << "请输入自然数n:" ;
    cin >> n;
    i = 1;
    while (i <= n)
    {
        sum += i;
        i++;
    }
    cout <<" sum = " << sum << endl;
}
```

运行结果如图 3-29 所示。

while 语句的使用

```
Microsoft Visual Studio 调试控制台                         —    □    ×
请输入自然数n: 10
 sum = 55

E:\source\repos\jing1\x64\Debug\jing1.exe (进程 14692)已退出，代码为 0。
按任意键关闭此窗口. . .
```

图 3-29   例 3-12 的运行结果

练一练：设计一个程序，使用 while 循环实现 $1\times2\times3\times4\times5\times\cdots\times n$（即 $n!$）的值。

例 3-13   使用 while 语句实现例 3-10。

分析：在进入 while 语句之前为循环变量赋初值，循环体中除了使用 if 语句实现判断成绩的有效性和输入次数外，还需要对循环变量进行改变。

程序源代码:

```
#include <iostream>
using namespace std;
int main()
{
    int n,i=1;
    while(i <= 3)
    {
        if(i==1)
            cout << " 请输入成绩: ";
        else
            cout << " 请重新输入成绩: ";

        cin >> n;
        if(n>=0&&n<=100)
        {
            cout << " 成绩录入成功 " << endl;
            break;
        }

        else
            cout << " 成绩不合法! " << endl;
        i++;
    }
}
```

3.4.3　do…while 语句

do…while 循环的基本格式如下:

```
do
{ < 循环体 > }
while（< 循环条件表达式 >）;
```

可见 do…while 与 while 语句不同, 它先执行一遍循环体, 然后根据循环条件表达式进行条件判断, 若表达式的值为真, 则重复执行循环体并判断; 若表达式的值为假, 则退出循环。它的执行过程如图 3-30 所示。

do…while 语句中循环三要素的位置与 while 语句一样, 需要注意的是 while 后面的分号不能省略。

do…while 是一种直到型循环, 即执行循环体直到条件不满足为止, 所以 do…while 语句中的循环体至少会执行一遍。通过下列代码可以看出 do…while 与 while 的区别。

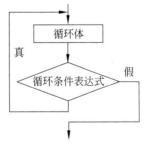

图 3-30　do…while 语句的执行过程

代码 1:

```
i=1;
```

```
while(i>=10)
{
    sum+=i;
    i++;
}
```

代码2：

```
i=1;
do
{
    sum+=i;
    i++;
} while(i>=10);
```

对于代码1来说，由于循环变量的初始值为1，不满足循环条件，所以循环体一遍也不执行。而对于代码2来说，循环体首先执行了一遍，i的值变为了2，然后进行条件判断发现循环条件不满足，所以退出循环。

do...while 语句的使用

例3-14 使用 do…while 语句实现例 3-10。

分析： 在进入 do…while 语句之前为循环变量赋初值，循环体中除了使用 if 语句实现判断成绩的有效性和输入次数外，还需要对循环变量进行改变。

程序源代码：

```
#include <iostream>
using namespace std;
int main()
{
    int n,i=1;
    do
    {
        if(i==1)
            cout << "请输入成绩：";
        else
            cout << "请重新输入成绩：";

        cin >> n;
        if (n>=0&&n<=100)
        {
            cout << "成绩录入成功" << endl;
            break;
        }
        else
            cout << "成绩不合法！" << endl;
        i++;
    } while( i <= 3);
}
```

例3-15 制作一个猜数游戏：由系统自动生成一个 0~100 的随机数 *m*，然后用户去猜这个数是多少。若用户所猜的数 *n* 位于当前范围之外，则进行提示；若用户所猜的数位于当前范围之内，则比较 m 与 n 的大小，并不断地根据 n 来缩小范围，直到用户猜对为止。

分析： 用 min 代表生成随机数的最小范围值，用 max 代表生成随机数的最大范围值，则初始状态下，min＝0，max＝100。调用随机数生成函数生成一个在这个范围内的随机数 m。接下来用户要不断的去猜 m 的数值，直到猜对为止。因此需要使用循环来处理用户猜数的部分。

设用户某次猜的数为 n，则比较 n 与 m 的大小，有如下三种情况。

$n>m$ 时：缩小范围，修改 max 的值为 n，然后用户继续在 $0{\sim}n$ 的范围内去猜；

$n<m$ 时：缩小范围，修改 min 的值为 n，然后用户继续在 $n{\sim}100$ 的范围内去猜；

$n=m$ 时：提示用户猜对了，然后退出整个猜数过程。

程序源代码：

```
#include <iostream>
using namespace std;
int main()
{
    int min=0,max=100;
    int m,n;
    srand((unsigned)time(0));
    m=rand()%100;
    cout<<" 系统已生成随机数，随机数的范围为 0~100"<<endl;
    cout<<" 请您开始猜数！ "<<endl;
    do
    {
        cin>>n;
        if(n>max || n<min)
            cout<<" 您猜的数不在指定范围内！请重新输入。"<<endl;
        else
        {
            if(n>m)
            {
                max=n;
                cout<<" 当前数的范围为: "<<min<<"--"<<max<<endl;
            }
            else if(n<m)
            {
                min=n;
                cout<<" 当前数的范围为: "<<min<<"--"<<max<<endl;
            }
            else
            {
                cout<<" 恭喜您，猜对了！ "<<endl;
                break;
            }
        }
    }while(true);
}
```

运行结果如图 3-31 所示。

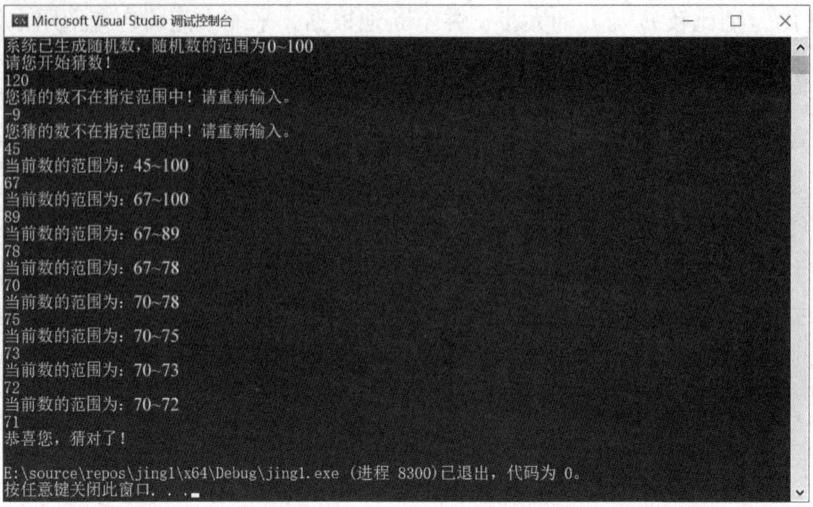
Microsoft Visual Studio 调试控制台
系统已生成随机数，随机数的范围为0~100
请您开始猜数！
120
您猜的数不在指定范围中！请重新输入。
-9
您猜的数不在指定范围中！请重新输入。
45
当前数的范围为：45~100
67
当前数的范围为：67~100
89
当前数的范围为：67~89
78
当前数的范围为：67~78
70
当前数的范围为：70~78
75
当前数的范围为：70~75
73
当前数的范围为：70~73
72
当前数的范围为：70~72
71
恭喜您，猜对了！
E:\source\repos\jing1\x64\Debug\jing1.exe (进程 8300)已退出，代码为 0。
按任意键关闭此窗口. . .

图 3-31　例 3-15 的运行结果

提示

（1）srand((unsigned)time(0)) 中用 0 调用时间函数 time()，将其返回值强制转换为 unsigned 型，并作为参数来调用 srand() 函数。srand() 是为 rand() 函数初始化随机发生器的启动状态，以产生伪随机数，所以常把 srand() 称为种子函数。用 time() 返回的时间值做种子的原因是 time() 返回的是实时时间值，每时每刻都在变化，这样产生的伪随机数就有以假乱真的效果。

（2）rand() 用来产生一个随机数。

3.4.4　break 语句与 continue 语句

break 与 continue 称为跳转语句，它们的作用是使程序无条件地改变执行的顺序。

1. break 的使用

（1）可以用于 switch 和循环结构。

（2）用于 switch 时，表示跳出 switch 语句；用于循环结构时，表示跳出离它最近的循环。

2. continue 的使用

（1）只能用于循环结构。

（2）表示结束本次循环。

3. 两者的区别

案例 1：

```
#include <iostream>
using namespace std;
int main()
{
    int i;
```

```cpp
for (i = 1; i <= 3; i++)
{
    break;
    cout << "这是第 " <<i<< " 次循环 "<< endl;
}
cout << "i=" <<i<< endl;
}
```

案例 2：

```cpp
#include <iostream>
using namespace std;
int main()
{
    int i;
    for (i = 1; i <= 3; i++)
    {
        continue;
        cout << "这是第 " <<i<< " 次循环 "<< endl;
    }
    cout << "i=" <<i<< endl;
}
```

案例 1 和案例 2 程序基本相似，执行的过程如图 3-32 所示，运行结果如图 3-33 所示。

从案例 1 和案例 2 的执行过程、运行结果可以看出，continue 和 break 不同，当程序遇到 break 语句时，程序跳出 break 所在的整个循环，而当程序遇到 continue 时，跳过 continue 后面的语句并转去进行循环控制条件的判断，以便决定是否进行下一次循环，即 continue 语句结束的是一次循环的执行。

例 3-16　模拟系统登录，判断用户名和密码是否正确。

分析：假设用户密码为 123456，如果密码错误，提示重新输入，若正确，则进入系统。假设用户有三次输入机会。

程序源代码：

```cpp
#include <iostream>
using namespace std;
int main()
{
    string ps;
    int i;
    for (i = 1; i <= 3; i++)
    {
        cout << "请输入登录密码: ";
        cin >> ps;
        if (ps == "123456")
        {
            cout << "欢迎登录系统! " << endl;
            break;
        }
        else
```

```
        cout << " 密码错误！" << endl;
    }
}
```

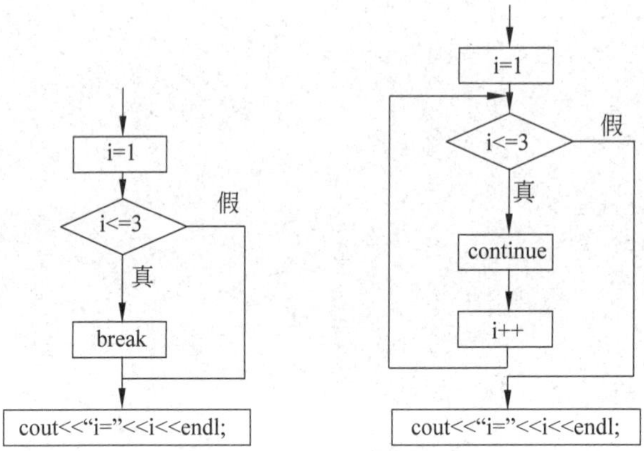

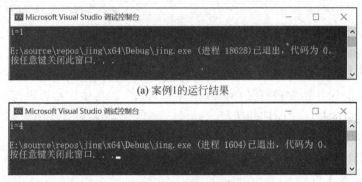

(a) 案例1的执行过程　　　　　　(b) 案例2的执行过程

图 3-32　案例 1 和案例 2 的执行过程

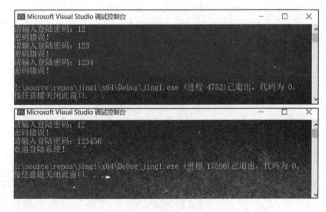

(a) 案例1的运行结果

(b) 案例2的运行结果

图 3-33　案例 1 和案例 2 的运行结果

运行结果如图 3-34 所示。

图 3-34　例 3-16 的运行结果

例 3-17　判断正整数 n 是不是素数。

分析： 根据素数的定义，若 n 不能够被 $2\sim\sqrt{n}$ 的任一个数整除，则 n 为素数。一旦找到一个数可以整除 n，则 n 为非素数，因此没有必须再继续执行循环，直接退出循环执行后面的语句即可。引入 flag 标记 n 是否为素数，flag=1 表示是素数，flag=0 表示是非素数。

程序源代码：

```cpp
#include <iostream>
using namespace std;
#include <math.h>
int main()
{
    int i, flag, n;
    cout << "请输入要判断的数n:";
    cin >> n;
    flag = 1;
    for(i = 2; i <= sqrt(n); i++)
        if (n % i == 0)
        {
            flag = 0;
            break;
        }
    if(flag == 1)
        cout << n << "是素数" << endl;
    else
        cout << n << "不是素数" << endl;
}
```

运行结果如图 3-35 所示。

图 3-35　例 3-17 的运行结果

　　sqrt() 函数用来计算一个数的平方根，在数学函数库 math.h 中定义。

例 3-18　求 100 以内的偶数的和。

分析： 逐个取出自然数 i 并判断它是不是偶数。若 i 为奇数，则结束本次循环，不进行加法运算，继而判断下一次循环条件；若 i 为偶数，则执行加法运算。

程序源代码：

```
#include <iostream>
using namespace std;
int main()
{
    int i = 1, sum = 0;
    for(i = 1; i <= 100; i++)
    {
        if(i % 2 != 0)
        continue;
        sum += i;
    }
    cout << "100 以内偶数的和为: " << sum << endl;
}
```

运行结果如图 3-36 所示。

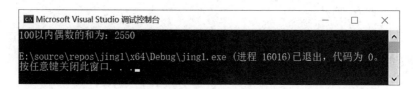

图 3-36　例 3-18 的运行结果

3.4.5　循环的嵌套

和分支语言一样，循环也可以嵌套使用。循环的嵌套使用可以实现更加复杂的程序。

例 3-19　输出 100 以内的所有素数，每行输出 5 个。

分析：例 3-17 实现的是给定一个自然数 i，可以通过循环判断它是否为素数。对于 100 以内的每个数 i 均进行这样的判断即可。因此使用嵌套循环来实现程序，外层循环控制待判断的数 i，内层循环控制从 $2\sim\sqrt{i}$ 范围内的所有可能因子。为了控制每行输出 5 个，设置一个 count 变量进行输出计数，若 count 可以被 5 整除，则输出一个换行符。

程序源代码：

```
#include <iostream>
using namespace std;
int main()
{
    int i, j, flag = 1, count = 0;
    for(j = 2; j <= 100; j++)
    {
        flag=1;
        for(i = 2; i <= sqrt(j); i++)
        {
```

```
        if(j % i == 0)
        {
            flag = 0;
            break;
        }
    }
    if (flag == 1)
      {
        cout << j <<"\t" ;
        count++;
            if (count % 5 == 0)
            cout << endl;
      }
    }
}
```

运行结果如图 3-37 所示。

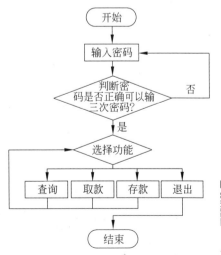

图 3-37 例 3-19 的运行结果

3.5 任务 2 实现

任务序号是 T3-2，任务名称是"使用循环语句实现 ATM 反复操作"。

1. 需求分析

任务 1 中在 ATM 上操作，密码输入、功能选择仅提供了一次机会，实际场景中是可以反复操作的。密码输入最多提供 3 次机会，3 次仍没有输入正确，系统会自动吞卡。功能选择根据需要可以反复多次，比如进行多次取款或多次存款等。这里可以使用循环语句来实现功能选择的反复操作。

2. 流程设计

该项目流程设计如图 3-38 所示。

3. 代码编写

参考源代码如下：

图 3-38 ATM 机反复操作流程

项目 3 的
任务 2 流程
执行过程

```cpp
#include <iostream>
using namespace std;
int main()
{
int ps, sel;
    int n;
    cout << "\t***************ATM*****************" << endl;
    //使用 for 循环完成密码输入
    for (n = 1; n <= 3; n++)
    {
        cout << "请输入密码：";
        cin >> ps;
        if (ps == 123)
            break;
        else
            cout << "密码输入错误！" << endl;
    }
    if (n > 3)
        exit(1);
    cout << "\t*********** 欢迎使用ATM*************" << endl;
    //使用 do...while 循环实现功能选择的反复
    do
    {
        cout << "\t\t 查询............1" << endl;
        cout << "\t\t 取款............2" << endl;
        cout << "\t\t 存款............3" << endl;
        cout << "\t\t 退出............0" << endl;
        cout << "请输入选择：";
        cin >> sel;
        switch (sel)
        {
        case 1:
            cout << "进行查询操作" << endl;
            break;
        case 2:
            cout << "进行取款操作" << endl;
            break;
        case 3:
            cout << "进行存款操作" << endl;
            break;
        case 0:
            exit(1);
        default:
            cout << "不存在该选择" << endl;
        }
    }while (1);
}
```

4. 运行及测试

（1）生成项目，输入源代码，调试程序至没有错误，如图 3-39 所示。

（2）尝试不同情况的多次输入，观察输出结果。

① 登录并测试。输入密码错误，会再提示"请输入密码"，直到 3 次机会用完，系统不再提示，如图 3-40 所示。

图 3-39 任务 2 源代码编写

图 3-40 登录并测试

② 动能测试。输入正确的密码之后，进入 ATM 系统。根据功能提示，分别输入 1、2、3 来选择不同的功能。功能选择会一直循环进行，用户可以反复选择操作，直到用户输入 0 时退出系统，ATM 流程才结束，如图 3-41 所示。

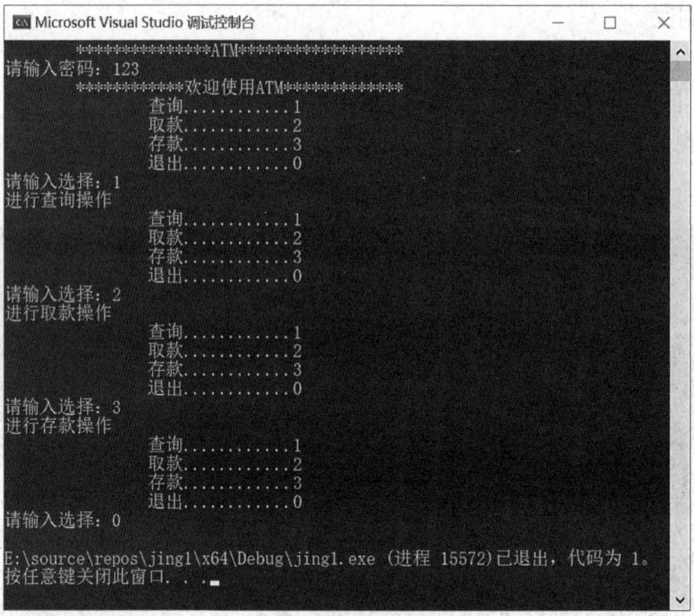

图 3-41　功能测试

3.6　任务 3 相关知识

通过定义函数的方式将程序划分成模块，使程序简洁、美观，同时提高代码的可重复使用率。本项目的任务 1 和任务 2 中功能选择部分只是提示进行相关的操作。可以为查询、取款等操作定义不同的函数来完成相应的操作。

3.6.1　函数的定义

灵活使用顺序结构、分支结构和循环结构，可以实现所有复杂程序的编写。但越复杂的程序，其对应的代码也就越长，这大大降低了程序的可读性，不利于程序的维护。实际生活中，当人们面临一个比较复杂的问题时，往往喜欢将其不断细化，分而治之。把比较复杂的问题划分为比较简单的若干个子问题，当每个子问题都正确解决时，原来的复杂问题也得以解决。于是，C++ 借鉴了这种解决问题的思路，引入了模块化程序设计的思想。

模块化程序设计是指将一个大的程序划分为若干个功能模块，每个模块实现一个小任务，各个模块相互配合最终共同完成指定的功能。

C++ 模块化的根本方法是将每个功能模块实现为一个函数。一个 C++ 程序即是函数的集合，它至少包含一个 main() 函数，此外还可以包含若干子函数。main() 函数作为主函数可以调用任何一个子函数，各子函数间也可以相互调用。这样，原来全部放在 main() 函数里的内容根据功能被划分为了多个函数，从而使整个程序结构清晰，可读性提高，易于软件的维护与功能扩充。

函数定义的一般格式如下：

函数类型 函数名（参数表）
{
    函数体
}

说明

（1）函数名是用户为函数起的名字，其命名规则与一般的变量命名规则相同。

（2）函数可以返回一个数值。当函数需要返回一个数值时，函数类型为函数返回值的类型。若函数不需要返回数值，则函数类型为空类型 void。

（3）参数表为函数的参数列表。函数可以有 0 个、1 个或多个参数。参数用于向函数传递数据或者从函数带回数据。参数列表中的每个参数都需要说明其数据类型及参数名。和变量定义不同，即使多个参数具有相同的类型，也不能够一起定义，必须每个参数单独定义，多个参数之间使用逗号隔开。

例 3-20 函数定义实例。

```cpp
#include <iostream>
using namespace std;
void mul(int x, int y)        //定义函数，求两个数的乘积，函数有两个参数
{
    int z;
    z = x * y;
    cout << z << endl;
}
void fact()                   //定义了一个函数，计算 5 的阶乘，该函数没有参数
{
    int i, f = 1;
    for(i = 1; i <= 5; i++)
        f *= i;
    cout << f << endl;
}
void fact(int n)              //定义了一个函数，计算 n 的阶乘，该函数有一个参数
{
    int i, f = 1;
    for(i = 1; i <= n; i++)
        f *= i;
    cout << f << endl;
}
int main()
{
    fact();
    fact(6);
    mul(5, 6);
}
```

函数如果有返回的数值，则返回语句的格式如下：

return <返回值>;

return 语句后面的返回值可以省略，表示函数不带有任何返回值。一个函数内使用 return 语句最多只能返回一个数值。但 return 语句可以有多个，当程序遇到第一个 return 语句时即返回。

若函数没有返回值，也可是省略 return，此时函数遇到"}"时即返回。

例 3-21 函数定义实例。

```
#include <iostream>
using namespace std;
int multiplication (int x,int y)
//定义函数求两个数的乘积，函数有两个参数，返回值为整型
{    int area;
     area=x*y;
     return area;              //使用 return 语句返回计算结果
}
void max(float a,float b)
//定义一个函数，输出两个数中较大的数，该函数没有返回值
{    if(a>b)
          cout<<a;
     else
          cout<<b;
     return;                   //此时 return 可以省略
}
```

（1）函数体需要使用大括号括起来。函数体包括程序执行语句和 return。
（2）函数的定义不允许嵌套，即一个函数定义内不能出现另一个函数的定义。

3.6.2　函数的调用

1. 函数调用的方法

定义函数的目的是使用函数，可通过函数调用来实现。函数调用指的是一个函数去调用另一个函数，其中，调用者称为主调函数，被调用者称为被调函数。

函数调用的格式如下：

```
函数名();            //无参函数的调用
函数名(实参表);      //有参函数的调用
```

当在主调函数中调用被调函数时，程序在调用处暂时离开主调函数，转入被调函数的程序执行。执行时先使用实参表中的实际参数代替被调函数参数表中的形式参数，然后开始执行被调函数的函数体，执行完毕返回主调函数的调用处，继续执行主调函数中后面的代码。函数调用示意图如图 3-42 所示。

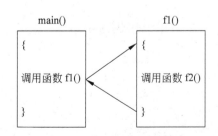

图 3-42　函数调用示意图

例 3-22　编写函数计算两个数中较大的数，并在 main() 函数中通过调用该函数求出三个数中的最大数。

分析： 定义一个函数，因为要计算两个数的较大值，所以该函数需要有两个参数。通过对两个参数的比较，返回较大的数即可。

函数的定义和调用

```cpp
#include <iostream>
using namespace std;
int max(int x,int y)              //定义一个函数，返回两个整数中的较大值
{
    if(x>y)
        return x;
    else
        return y;
}

int main()
{
    int m,n,s,maxn;
    cout<<" 请输入第一个数 m 的值：m=";
    cin>>m;
    cout<<" 请输入第二个数 n 的值：n=";
    cin>>n;
    cout<<" 请输入第三个数 s 的值：s=";
    cin>>s;
    maxn=max(m,n);
    maxn=max(maxn,s);
    cout<<" 最大数为：maxn="<<maxn<<endl;
}
```

运行结果如图 3-43 所示。

图 3-43　例 3-22 的运行结果

函数的调用形式是多样的，以例 3-22 为例，以下调用都是正确的。

```cpp
max(m,n);                        //直接调用
maxn=max(m,n);                   //将函数调用作为表达式
maxn=max(max(m,n),s)             //将函数调用作为函数参数
```

2. 函数原型

函数的两种使用方式（图 3-44）：

（1）先定义，后调用。

（2）先声明，后调用，最后定义。

```
void fun( ) //函数定义
{
    ...
}
int main( )
{
    ...
    fun( );  //函数调用
    ...
}
```

```
void fun( );//函数声明
int main( )
{
    ...
    fun( );  //函数调用
    ...
}
void fun( ) //函数定义
{
    ...
}
```

图3-44　函数的两种使用方式

当一个函数调用另一个函数时，若被调函数的定义在主调函数之后，则需要在主调函数之前对被调函数进行说明，这个说明称为函数原型。函数原型的格式如下：

函数类型　函数名（参数表）

其中，参数表中可省略形参名，不可省略形参的类型。声明时的参数名可与定义时的形参名相同，也可不同。声明时不能省略函数的返回类型和最后的分号。

函数原型的作用是告诉编译器函数的名称、函数的返回值类型、函数参数的个数，以及参数的类型和顺序等。如果没有函数原型，则当被调函数位于主调函数之后时会显示编译错误。

以例3-22为例，当max()函数的定义位于main()函数后面时，需要在main()函数之前加上函数原型：

```
int max(int,int);
int max(int x,int y) ;
int max(int a,int b) ;
```

main()函数不需要使用函数原型进行说明。

3. 函数的参数传递

函数定义中参数表里的变量是形式参数，简称形参。函数调用时括号里出现的参数是实际参数，简称实参。函数之间的数据传递通过实参与形参来实现。函数调用时，实参的名称与形参的名称可以不一致，但要保证二者的类型一致，个数相同，顺序相同。

函数调用发生时，实参与形参之间有两种参数传递方式：值传递和址传递。

函数的实参是由逗号分开的若干个表达式。当函数调用时，首先计算实参中各个表达式的值，并将计算结果依次传递给形参，这种传递方式成为值传递；若函数调用时，实际传递的参数不是变量的值，而是变量的地址，这样实际参数与形式参数即对同一地址空间操作，这种传递方式称为址传递。地址传递的内容放在后面详细讲解，这里只介绍值传递。

例 3-23　函数值传递应用实例。

```cpp
#include <iostream>
using namespace std;
void swap(int, int);   //函数原型说明
int main()
{
    int a, b;
    cout << "依次输入 a、b 的值: "<< endl;
    cin >> a >> b;
    cout << "函数调用之前 a = " << a << ",b = " << b << endl;
    swap(a, b);
    cout << "函数调用之后 a = " << a << ",b = " << b << endl;
}
void swap(int x,int y)   //定义 swap 函数，交换变量的值
{
    int t;
    if (x<y)
    { t=x;x=y;y=t; }
    cout<<" 子函数中的变量 x="<<x<<"y="<<y<< endl;
}
```

运行结果如图 3-45 所示。

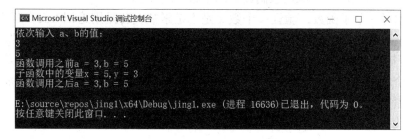

图 3-45　例 3-23 的运行结果

从上述案例中可以看出值传递的特点如下。

（1）实参将自身的值传递给形参，即实参将自身的值赋值给形参。

（2）实参和形参的名字可以相同或不同，不影响程序执行。

（3）形参的改变不能改变实参。

例 3-24　用户在键盘上输入 3 个数，编写程序返回 3 个数的最大值。

分析：求两个数的最大值比较容易，故编写程序求出两个数的最大值 max，然后再次调用函数求 max 与第三个数的最大值即可。

```cpp
#include <iostream>
using namespace std;
int max(int, int);
int main()
{
```

```
    int x, y, z, temp;
    cout << "请输入三个数值: ";
    cin >> x >> y >> z;
    temp = max(x, y);
    cout << "最大值为: " << max(temp, z);
}
int max(int x, int y)
{
    if (x > y)
        return x;
    return y;
}
```

运行结果如图 3-46 所示。

图 3-46　例 3-24 的运行结果

例 3-25　编写程序，验证任意偶数为两个素数之和。

分析：编写一个子函数，验证一个数 x 是不是素数，若是则返回 true，若不是则返回 false。在该子函数中，一旦找到了 x 的一个因子，直接使用 return 返回 false 即可，无须再使用 break 语句退出循环。在 main() 函数中，对于用户的任意输入 n，首先判断 n 是否为偶数，如果是则逐个取出 2~n/2 的范围内的数 i，判断 i 与 n-i 是否同为素数。当两者都是素数时，输出这两个素数即可。

程序源代码：

```
#include <iostream>
using namespace std;
bool sushu(int);
int main()
{
    int n, i;
    cout << "请输入一个偶数: n = ";
    cin >> n;
    if(n % 2 == 0)
        for(i = 1; i <= n / 2; i++)
        {
            if (sushu(i) && sushu(n - i))
                cout << "n为" << i << "与" << n - i << "的和" << endl;
        }
    else
        cout << "您输入的不是偶数! ";
}
bool sushu(int n)
{
```

```
    int i, flag = 1;
    for (i = 2; i < sqrt(n); i++)
    {
        if(n % i == 0)
        {
            flag = 0;
            return false;
        }
    }
    if (flag == 1)
        return true;
}
```

运行结果如图 3-47 所示。

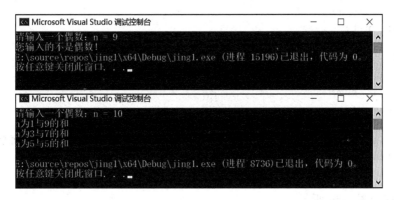

图 3-47 例 3-25 的运行结果

3.6.3 函数的嵌套调用

函数的调用可以嵌套，即当一个函数调用另一个函数时，被调用的函数又可以调用其他的函数。其调用关系如图 3-48 所示。

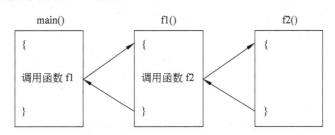

图 3-48 函数的嵌套调用

例 3-26 编写程序计算 $1!+2!+3!+\cdots+n!$。

分析：首先编写子函数 factorial() 计算 $n!$。然后编写子函数 calculate() 计算各个阶乘的和，最后在 main() 函数中接收用户输入的 n，并调用 calculate() 计算即可。

程序源代码：

```
#include <iostream>
```

```
using namespace std;
int fact(int);
int calculate(int);
int main()
{
    int n;
    cout << "请输入n的值: n = ";
    cin >> n;
    cout << calculate(n);              //主函数中调用calculate计算结果
}
int fact(int n)
{
    int i, t = 1;
    for(i = 1; i <= n; i++)
        t *= i;
    return t;
}
int calculate(int n)
{
    int i, sum;
    sum = 0;
    for(i = 1; i <= n; i++)
        sum += fact(i);                //calculate中调用fact求每个数的阶乘
    return sum;
}
```

运行流程如图3-49所示。

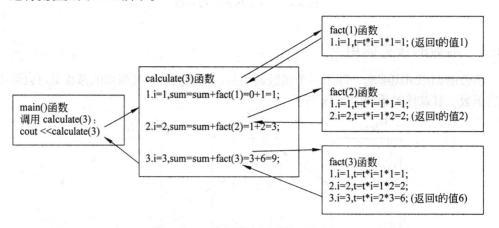

图3-49 函数的嵌套调用的运行流程

运行结果如图3-50所示。

图3-50 例3-26的运行结果

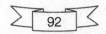

3.6.4 函数的递归调用

函数的递归调用是指一个函数直接或间接地调用其本身。

当一个函数递归地调用自己时,该程序内必须有一个终点,因为如果没有终点,一旦开始了对自身的调用,就会陷入一个无限调用的死循环中,如图 3-51(a) 所示。若函数内存在一个终点,即当满足某个条件时就会停止往下递归调用,随后再层层向上返回每一级的调用处,从而保证程序的继续执行。如图 3-51(b) 所示,在最后一个 f1() 函数中,满足了终点条件直接返回上一层程序,因此后面的调用语句执行不到,从而结束了递归的过程。

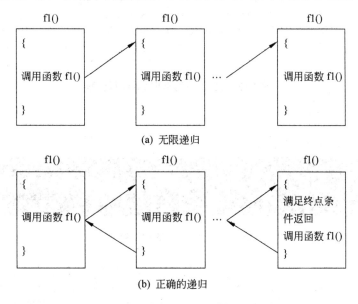

图 3-51 函数的递归

例 3-27 使用递归计算数的阶乘。

分析: 可以将 $n!$ 看成 $n \times (n-1)!$,因此要计算 $n!$ 必须先求出 $(n-1)!$,而 $(n-1)! = (n-1) \times (n-2)!$,因此要先求出 $(n-2)!$,以此类推,最后计算 $2!=2 \times 1!$,而 $1!=1$,所以当递归到 1 时,程序终止自身的调用,直接返回 1。使用返回的 1 可以计算出 $2!$,使用 $2!$ 可以计算出 $3!$,这样层层回推,最终可以计算出 $n!$。

程序源代码:

```
#include <iostream>
using namespace std;
int fact(int);
void main()
{
    int n;
    cout << "n = ";
    cin >> n;
    cout << "n = " << n << "," << n << " != " << fact(n);
}
int fact(int n)
```

```
{
    if (n > 1)
        return(n * fact(n - 1));
    else
        return (1);
}
```

运行流程如图 3-52 所示。

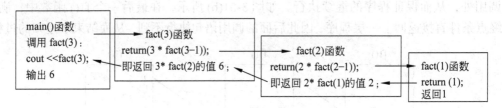

图 3-52　函数的递归调用的运行流程

运行结果如图 3-53 所示。

图 3-53　例 3-27 的运行结果

　　　　递归实现的程序的时间复杂度和空间复杂的往往都很高，因此尽量避免。
但是有一些问题只有通过递归的方式才能够解决，比如汉诺塔问题等。

　　例 3-28　猴子吃桃问题：猴子第一天摘了很多桃子，当即吃了一半，随后又多吃了一个。以后每天都这样，到了第 10 天准备吃时，发现只剩下一个桃子。问共有多少个桃子？

　　分析：根据题意，设原来有 n 个桃，则第 1 天剩余的桃子为 $x=n \div 2 - 1$，则 $n=(x+1) \times 2$，只要知道第一天剩余的个数 x，即可求出 n 的值。同理，只要知道第 2 天剩余的桃子数 y，即可知道第 1 天总共的桃子数 x。其他以此类推，知道第 10 天剩余的桃子数，就可以求出第 9 天的桃子数。所以使用递归来实现程序，用 i 表示天数，则程序的结束条件为 i=10 时返回 1。

　　程序源代码：

```
#include <iostream>
using namespace std;
int peach(int);
int main()
{
    cout << "原来的桃子数为: " << peach(0);
}
int peach(int i)
```

```
{
    int n,i = 1;
    if(i >= 10)
        return 1;
    else
        return n = 2 * (peach(i + 1) + 1);
}
```

运行流程如图 3-54 所示。

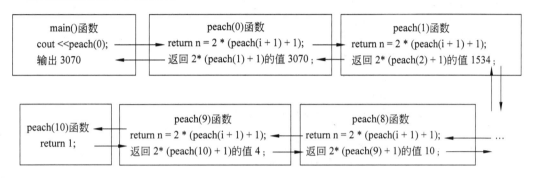

图 3-54　例 3-28 的运行流程

运行结果如图 3-55 所示。

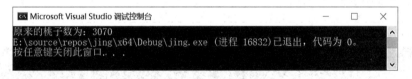

图 3-55　例 3-28 的运行结果

3.6.5　内联函数

使用函数可以增加代码的可读性和易维护性，但是函数调用之前，需要使用栈空间来保护现场，记录当前指令的地址，以便在调用之后继续执行。在函数调用结束后，系统还要根据先前的记录恢复现场，再接着执行下面的语句。保护现场、恢复现场均增加了系统的时间和空间开销。因此，如果一个函数被经常调用，就会大大降低程序的执行效率。

为了解决这一问题，C++ 允许将一些小的但经常被调用的函数嵌入主调函数中，这样的函数称为内联函数。当编译器遇到调用内联函数的代码时，系统不是将流程转出去，而是直接将内联函数的代码"插入"到调用的位置。

内联函数的定义格式如下。

`inline 函数类型 函数名（形参表）`

　　内联函数虽然不发生函数的调用，但是也相应地增加了目标代码量，所以内联函数应该尽量简洁，只包含几个语句，且不允许出现循环和 switch 语句。内联函数也不能递归调用。

例 3-29 编写内联函数，计算三个数里的最大值。

分析：编写函数计算两个数中的最大值 max1，然后再次调用函数求 max1 和第三个数的最大值即可。

程序源代码：

```
#include <iostream>
using namespace std;
inline int max(int x, int y);
int main()
{
    int a, b, c, result;
    cout << "请输入三个数: ";
    cin >> a >> b >> c;
    result = max(a, b);
    cout <<"最大数为: " << max(result, c) << endl;
}
inline int max(int x, int y)
{
    return  (x >= y) ? x : y;
}
```

运行结果如图 3-56 所示。

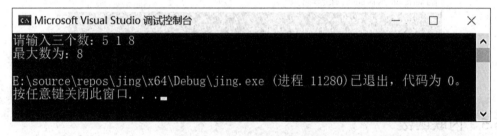

图 3-56 例 3-29 的运行结果

3.6.6 局部变量与全局变量

变量起作用的区域称为变量的作用域。按照作用域划分，变量可以分为局部变量与全局变量。

1. 局部变量

在一个函数内定义的变量为局部变量，它只在该函数的范围内起作用，该函数外的任意函数都不能使用这个变量。

例 3-30 分析以下程序中变量的作用域。

```
#include <iostream>
using namespace std;
int f1(int a)
{
```

```
        a = 3 + a;
        return a;
}
int f2()
{
        int a = 2, b;
        b = f1(a) * a;              //b=5*2;
            return b;
}
int main()
{
        int a, m = 1;
        { int m = 2; };             //复合语句内的 m 屏蔽了复合语句外的 m
        a = m + f1(m) + f2();       //复合语句外的 m 仍为 1，则 a=1+4+10
        cout << "a = " << a;
}
```

运行结果如图 3-57 所示。

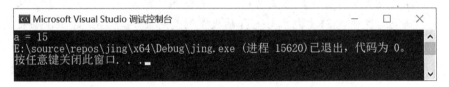

图 3-57　例 3-30 的运行结果

　　　　f1 中的变量 a 只在 f1 的范围内起作用。虽然 f2() 与 main() 中都有变量 a，但它们只是同名而已，相互之间并没有关系。同理，f2() 中的变量 a、b 均只在 f2() 的范围内有效，main() 函数中声明的变量 a 与 m 也只在 main() 的范围内有效。main 函数中声明了两次变量 m，一次在 main() 函数体中声明，一次在复合语句中声明。遇到这种情况，复合语句的作用范围内声明的变量会自动屏蔽复合语句外声明的变量，所以第一次声明的 m 作用范围是除去复合语句外的 main() 函数，第二次声明的 m 作用范围是复合语句。

2. 全局变量

在函数体外声明的变量称为全局变量，全局变量的作用域为：从定义变量的位置开始到文件结束。因此，出现在全局变量定义后面的所有函数都可以使用该全局变量，但是当全局变量与某一函数内的局部变量重名时，则在局部变量的作用范围内，全局变量被屏蔽。

例 3-31　分析下列程序中全局变量的作用域。

```
#include <iostream>
using namespace std;
```

```
int a=1,b=2;          //定义了两个全局变量
void f1()             //函数 f1
{
    a=a*2;
    b=b*2;
}
float f=10.5;         //定义了全局变量 f
int f2()              //函数 f2
{
    int b=3
    f=f+a ;
    return f ;
}
void main()           //主函数
{
    int m;
    a=f2();
}
```

全局变量 b 的作用域

全局变量 f 的作用域

全局变量 a 的作用范围

全局变量 b 的作用域

说明 变量 a 和 f 的作用范围都是从定义位置开始到文件结束为止。虽然变量 b 也是全局变量，但是由于与 f2() 函数中的局部变量重名，所以在函数 f2() 内部全局变量 b 不起作用，因此 b 的作用范围被 f2() 分为了两部分，分别是从变量定义开始到 f2() 定义处结束，以及从 f2() 结束时开始到文件结束。

由于全局变量在程序的全部执行过程中占用存储单元，且全局变量的使用降低了程序的通用性和可靠性，所以在编写程序的时候，应该尽量少地使用全局变量。

3.6.7 变量的存储类别

变量定义的完整格式如下：

［存储类型］数据类型 变量名；

其中，存储类型包含四种，即 auto、register、static 与 extern。

1. auto 变量（自动变量）

局部变量定义时使用 auto 说明符或者不使用任何说明符，则系统任务所定义的变量具有自动类型。系统对自动变量动态分配存储空间的，数据存储在动态的存储区中。

2. register 变量（寄存器变量）

寄存器变量也是自动变量，它和 auto 变量的区别在于：auto 变量存储在动态存储区中，而 register 说明的变量建议编译程序将变量的值保留在 CPU 的寄存器中。

3. static 变量（静态变量）

静态局部变量的作用域仍然是它所在的函数内部，但是它并不随着函数的执行完毕而关闭。也就是说，静态局部变量在静态存储区占据永久性的存储单元，函数退出后下次再进入该函数，静态局部变量仍使用原来的存储单元。静态全局变量也具有全局作用域，在

静态存储区分配空间，它与全局变量的区别在于如果程序包含多个文件，它作用于定义它的文件里，不能作用到其他文件里。这样即使两个不同的源文件都定义了相同名字的静态全局变量，它们也是不同的变量。

4. extern 变量（外部变量）

全局变量一般存储在静态存储区，当全局变量遇到以下两种情况时，需要使用 extern 进行以下说明。

（1）在同一个文件中，全局变量的定义在后，引用在前时，需要在引用之前用 extern 对该变量做外部变量的说明。

（2）若多个文件的程序中都要引用同一个全局变量，则应该在任意一个文件中定义外部变量，而在非定义的文件中用 extern 对该变量做外部变量的说明。

3.7　任务 3 实现

任务序号是 T3-3，任务名称是"使用模块化程序设计，让 ATM 流程简洁、易操作"。

1. 需求分析

某软件公司完成了本项目中任务 1 实现 ATM 单次操作和任务 2 实现 ATM 反复操作。接下来对使用 ATM 的整个流程进行细致的分析，得出结论。

使用 ATM 的流程包含如下几个部分。

（1）用户插卡即显示待机界面，提示用户插入磁卡。

（2）密码验证即用户插入磁卡后，提示用户输入密码并进行密码的验证。若用户输入密码正确，则显示服务信息；反之，则提示用户重复输入。当用户的输入超过 3 次时，提示吞卡。

（3）功能选择提示即显示服务的信息。

（4）选择功能即用户按照显示的服务信息进行选择，从而完成不同的操作。

（5）查余额即用户可以完成查询余额操作。

（6）取款即用户可以完成取款操作。

（7）快速取款即用户可以完成快速取款操作。

（8）退卡即用户可以退出服务界面。

为了提高程序的可维护性，使用模块化方法完成模拟 ATM 工作流程程序的设计。针对以上 8 个部分对应地写出 8 个函数，在 main() 函数中按工作过程顺序调用不同的函数即可。由于若干个函数都要访问用户的账户余额信息，所以将账户余额设置为全局变量，放在程序文件的最前面。

2. 流程设计

该项目流程设计如图 3-58 所示。

3. 代码编写

（1）待机函数 welcome()。当没有用户使用 ATM 时，ATM 显示待机界面。待机界面的功能是提醒用户插入磁卡。本模拟系统中，用户按下任意键来模拟磁卡的插入，即只要

项目 3 的
任务 2 流程
执行过程

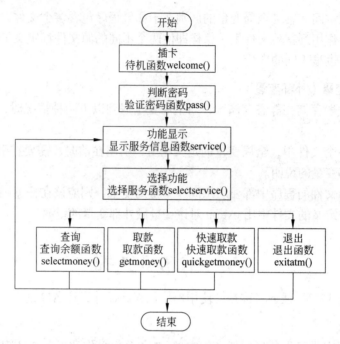

图 3-58　ATM 机操作流程图

接收到键盘上输入的一个字符，就表示插入了磁卡。使用 cin.get() 函数可以读入键盘上的输入字符。待机函数没有返回值。

待机函数对应的代码：

```
void welcome()
{ /* 以下为插卡部分 */
    cout<<"--------------------ATM 自动取款系统 --------------------\n";
    cout<<"\n 请插入您的磁卡（按任意键完成）\n";
    cin.get();
}
```

（2）验证密码函数 pass()。用户输入密码的次数要小于或等于 3 次。由于要多次进行密码的验证，因此需要使用循环结构实现。循环变量 n 即为用户输入的次数。当用户第一次输入密码，即 n 等于 1 时，界面上应显示的信息是"请输入密码（最多可输入 3 次）"；而当用户第 2 次和第 3 次输入时，表示用户前面输入的密码不正确，所以界面上应显示的信息为"密码错误请重新输入！"。每次显示完提示信息后，都要接收用户输入的密码并进行密码的匹配。若密码匹配成功，则退出循环即可。循环退出后，可以根据用户的输入次数 n 来判断执行什么样的操作。若 n>3，则提示吞卡信息，并结束整个程序。

验证密码函数对应的代码如下。

```
void pass()
{
    int n,password;
    for(n=1;n<=3;n++)  //最多可以输入 3 次
    {
        //此处使用 if...else 并根据密码输入次数来确定要执行的操作
        if(n==1)  cout<<" 请输入密码（最多可输入 3 次）:";
```

```
        else    cout<<" 密码错误请重新输入 :";
        cin>>password;
        if(password==123)    break;    //假设密码为 123,一旦匹配成功则退出循环
    }
    if(n>3)    /* 此处练习简单 if 语句的使用 */
    {
        cout<<" 哈哈,磁卡被吃,不是你的卡吧? 与银行管理员联系吧 !\n";
        exit(1);                          //结束程序
    }
}
```

（3）时间函数 getTime()。在后面取款和快速取款功能中,需要打印凭证,这就需要
获取当地的时间,在这里我们使用识别系统 API 来获取当前时间。

```
void getTime()
{
    SYSTEMTIME sys;
    GetLocalTime(&sys);
    cout<<sys.wYear<<" 年 "<<sys.wMonth<<" 月 "<<sys.wDay<<" 日 ";
}
```

SYSTEMTIME 是 Windows 系统中表示时间的一个结构体,其中,wYear 表示年,
wMonth 表示月,wDay 表示日。GetLocalTime() 是与结构体 SYSTEMTIME 相关的函数,
功能是返回本地时间。

使用结构体 SYSTEMTIME 和 GetLocalTime() 需要包含头文件 windows.h。

（4）显示服务信息函数 service()。当密码匹配成功后,表示用户已经通过身份验证,
此时需要显示服务信息。信息的显示使用 cout,即向屏幕输出若干信息即可。信息的内容
参考一般的 ATM 服务界面,在此将其进行简化,只保留查询余额、取款、快速取款和退
出等四个功能。显示完毕,需要用户根据服务信息进行选择。用户在键盘上输入相应的数
字,service() 函数返回用户的输入,以便根据输入执行下一步的操作。

显示服务信息函数对应的代码:

```
int service()
{
    int select;
    cout<<"\n*************** 欢迎进入银行自动取款系统 ********************\n";
    cout<<"             *********** 请选择您的服务 !***********\n";
    cout<<"                          查询余额 --1\n";
    cout<<"                          取　 款 --2\n";
    cout<<"                          快速取款 --3\n";
    cout<<"                          取　 卡 --0\n";
    cout<<"-------------------------------------------------------\n";
    cout<<" 请输入选择 :";
    cin>>select;
    return select;
}
```

（5）查询余额函数 selectmoney()。根据前面的分析,为了方便多个函数访问账户余额

信息，将账户余额 total 定义为全局变量。在本函数中直接返回该全局变量的值即可。

查询余额函数对应的代码：

```
void selectmoney( )        //查询余额
{
    cout << "\n\n 您账户上的余额为 " <<total << " 元 \n\n";
}
```

该函数也可以不指定参数，写成以下的形式：

```
void selectmoney()        //查询余额
{
    cout<<"\n\n 您账户上的余额为 "<<total<<" 元 \n\n";
}
```

当 selectmoney() 函数没有参数时，对应的函数调用中也要把参数去掉。以上两种函数的区别是：前者在函数调用时访问全局变量 total 的值，并将该值赋给了形式参数 a，函数体中显示的是 a 的数值；后者直接在函数体中访问并显示 total 的值。

（6）取款函数 getmoney()。用户取款时，需要首先提示用户输入取款的金额。系统接收到用户的输入后，要将该输入与用户账户余额进行比较，只有当账户余额大于用户提款金额时，才能够正确执行提款操作，即修改账户余额信息，提示用户取走现金，同时询问用户是否需要打印凭证。若用户的余额不足，则进行相关提示。

取款函数对应的代码如下：

```
void getmoney()                //取款
{
    int number;
    char flag;
    cout << " 请输入取款金额 :";
    cin >> number;
    if (total >= number)
    {
        total = total - number;
        cout << " 请取走您的现金 " << number << " 元 \n";
        cout << " 是否需要打印凭证 (Y/N)?";
        cin >> flag;
        if(toupper(flag) == 'Y')
        {
            cout << " 您于 ";
            getTime();
            cout << " 取款 " << number << " 元 \n";
        }
    }
    else
    {
        cout << " 您的余额不足！ ";
    }
}
```

getTime() 函数在上面已经介绍过了，功能是输出系统的当前时间。

（7）快速取款函数 quickgetmoney()。快速取款函数的思想和取款函数类似，不同的是取款函数中，取款的金额由用户在键盘上输入，而在快速取款函数中，该金额以选项的形式体现。执行该函数时，首先需要显示不同输入对应的金额，然后用户在键盘上输入选项值，该值有 4 种有效输入，分别是 1、2、3、4，根据不同的选项来为要取的金额 number 赋值。所以，适合使用 switch 语句来实现。

快速取款函数的代码如下。

```cpp
void quickgetmoney()              //快速取款
{
    int select, number=0;
    char flag;
    cout << "\t\t------ 请选择取款金额 \n";
    cout << "\t\t100(1)\t\t200(2)\n\t\t500(3)\t\t1000(4)\n";
    cin >> select;
    switch(select)
    {
        case 1:number = 100; break;
        case 2:number = 200; break;
        case 3:number = 500; break;
        case 4:number = 1000; break;
    }
    if(total >= number)
    {
        cout << "请取走您的现金 " << number << "元 \n";
        total = total - number;
        cout << "是否需要打印凭证 (Y/N)?";
        cin >> flag;
        if (toupper(flag) == 'Y')
        {
            cout << "您于 ";
            getTime();
            cout << "取款" << number << "元 \n";
        }
    }
    else
        cout << "您的余额不足! ";
}
```

该函数中输出打印凭证判断部分的代码与取款函数不同。取款函数通过一个变量 flag 来实现该判断，当 flag=1 时，输出提款信息。而快速取款函数中将 flag 设置为字符型的变量。可以使用 cin.get(flag) 来从键盘上获取一个字符并赋给 flag。由于字符有大小写之分，调用 toupper() 函数将其转换为大写字母后才进行判断。toupper(char a) 函数的作用是将字符 a 转换为大写字母。

（8）退出函数 exitatm()。退出函数的作用是提示用户取走磁卡，并结束程序。

退出函数的代码如下。

```cpp
void exitatm()
```

```
    {
        cout<<"请取走您的磁卡，谢谢！欢迎下次光迎！\n";
        exit(1);
    }
```

此函数中使用了 exit() 函数，需要包含头文件 vector.h。

（9）选择服务函数 selectservice()。selectservice() 函数提供了一个用户的选择值，系统要根据这个选择值去执行不同的操作。由于选择值存在多种取值，不同取值对应不同的函数调用，因此这是一个多路选择问题，适合使用 switch 语句来实现。switch 语句的判断表达式即 service 语句的返回值。根据 service 函数的显示信息可知，该返回值有 4 种有效的取值，分别是 1、2、3、0。

选择服务函数对应的代码如下。

```
void selectservice( int select )
{
    switch(select)
    {
        case 1:selectmoney();break;          //查询余额函数
        case 2:getmoney();break;             //取款函数
        case 3:quickgetmoney();break;        //快速取款函数
        case 0:exitatm();                    //退出系统函数
        default:cout<<"非法操作！"<<endl;
    }
}
```

（10）主函数 main()。main() 函数中要做的是顺次地去调用各个函数。用户通过密码验证后，要执行的操作可能不止一次，因此需要将服务信息显示函数和用户选择服务函数放在一个循环中。由于用户选择服务的次数不确定，因此该循环是一个无限循环，循环的条件永远成立。只有当用户选择了退出服务后，才能够关闭整个程序。

主函数的代码如下。

```
double total=1000;     //很多功能都会对银行卡余额进行操作，所有要把银行余额设置
                       为全局变量，所有函数都可以对它进行操作
int main()
{
    int select;        //用户输入的服务
    welcome();         //显示欢迎信息
    pass();            //进行密码验证
    do
    {
        select=service();           //记录用户选择的服务
        selectservice(select);      //执行相应的服务
    }while(1);
}
```

模拟 ATM 自动取款机的程序由多个函数组成，每个函数实现一个功能。有的函数直接被 main() 函数调用，有的函数被其他函数调用。正是因为函数之间的调用关系，最终我们才实现了 ATM 自动取款机的程序。我们在学习和生活中也要像函数一样，互相沟通、互相帮助、团结协作、一起进步。

4. 运行及测试

（1）生成项目，输入源代码，调试程序至没有错误，如图 3-59 所示。

图 3-59　任务 3 源代码编写

（2）尝试不同情况的多次输入，观察输出结果。

① 错误测试。系统允许输入 3 次密码，当密码错误时，系统提示"密码错误请重新输入"，3 次机会用完之后，系统提示"哈哈！磁卡被吃，不是你的卡吧？与银行管理员联系吧！"并退出系统，如图 3-60 所示。

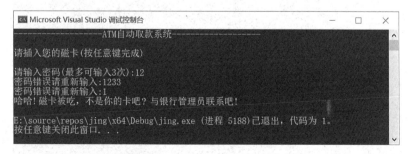

图 3-60　密码输入测试

② 功能测试。根据功能提示，输入 1 进行余额查询操作，显示账户余额，如图 3-61 所示。

图 3-61　查询余额功能测试

继续根据功能提示，输入 2 进行取款操作，输入取款金额后，系统会提示"是否打印凭证？"，如图 3-62 所示。

图 3-62　取款功能测试

继续根据功能提示，输入 3 进行快速取款操作，系统会提示四个金额，用户根据选择输入对应的金额选项后，完成快速取款操作，如图 3-63 所示。

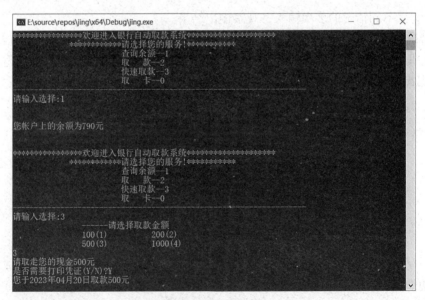

图 3-63　快速取款功能测试

继续根据功能提示，输入 0 进行取卡操作，系统退出，如图 3-64 所示。

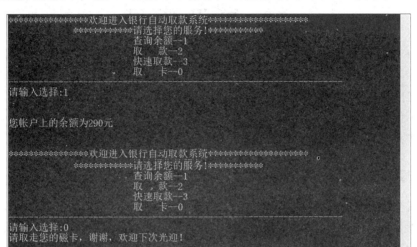

任务 3 的
运行

图 3-64 　退卡功能测试

开始设定的账户金额是 1000 元。选择"查询余额"功能，显示余额是 1000 元；选择"取款"功能，取走 210 元；继续选择"查询余额"功能，显示的余额此时变为 790 元；选择"快速取款"功能，取走 500 元；继续选择"查询余额"功能，显示的余额此时变为 290 元。从整个功能测试流程也可以看出，使用模块化程序设计，让 ATM 流程简洁、易操作。

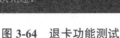

整个项目，我们从一开始的任务 1 实现 ATM 单次操作，到任务 2 实现 ATM 反复操作，到任务 3 使用模块化程序设计让 ATM 流程简洁、易操作。在这个过程中，我们不断修改、完善程序，通过不断的钻研，最终我们实现了模拟 ATM 自动取款机的程序。作为一名大学生，大家也要有这种不断钻研的"工匠精神"。

　小记录：
　　在解决该项目的过程中遇到＿＿＿＿＿＿个问题，如何解决的？
　　＿＿＿＿＿＿＿＿＿＿＿＿＿＿＿＿＿＿＿＿＿＿＿＿＿＿＿＿＿＿
　　＿＿＿＿＿＿＿＿＿＿＿＿＿＿＿＿＿＿＿＿＿＿＿＿＿＿＿＿＿＿
　　＿＿＿＿＿＿＿＿＿＿＿＿＿＿＿＿＿＿＿＿＿＿＿＿＿＿＿＿＿＿
　　＿＿＿＿＿＿＿＿＿＿＿＿＿＿＿＿＿＿＿＿＿＿＿＿＿＿＿＿＿＿
　大发现：
　　＿＿＿＿＿＿＿＿＿＿＿＿＿＿＿＿＿＿＿＿＿＿＿＿＿＿＿＿＿＿
　　＿＿＿＿＿＿＿＿＿＿＿＿＿＿＿＿＿＿＿＿＿＿＿＿＿＿＿＿＿＿
　　＿＿＿＿＿＿＿＿＿＿＿＿＿＿＿＿＿＿＿＿＿＿＿＿＿＿＿＿＿＿
　　＿＿＿＿＿＿＿＿＿＿＿＿＿＿＿＿＿＿＿＿＿＿＿＿＿＿＿＿＿＿

3.8 知识拓展

在 C++ 源程序中加入一些"预处理命令"，可以改进程序设计环境，提高编程效率。预处理命令不是 C++ 语言本身的组成部分，不能直接对它们进行编译，它们是在程序被正常编译之前执行的，故称为预处理命令。为了和普通语句区别，预处理命令以"#"开头，并且末尾不包含分号。

C++ 中预处理命令包括 3 种，即宏定义、文件包含、条件编译。

3.8.1 宏定义

宏定义分为两种：一种是不带参数的宏定义，另一种是带参数的宏定义。

不带参数的宏定义用于将指定的标识符代替字符序列。其中，指定的标识符是宏名，字符序列为宏体。其一般格式如下。

```
#define 标识符   字符序列
```

例 3-32 不带参数的宏定义实例。

程序源代码如下：

```cpp
#include <iostream>
using namespace std;
#define PI 3.14
int main()
{
    float r, area;
    cout << "请输入半径r: r = ";
    cin >> r;
    area = PI * r * r;
    cout << "的面积为" << area << endl;
}
```

运行结果如图 3-65 所示。

图 3-65　例 3-32 的运行结果

 当文件遇到 PI 时，即以 3.14 代替，但是这个过程不做语法的检查。

当宏定义带参数时，其定义格式如下。

```
#define 标识符（带参数）  字符序列
```

例 3-33　带参数的宏定义实例。

```cpp
#include <iostream>
using namespace std;
#define PI 3.14
#define AREA(x)  PI*x*x
int main()
{
    float r;
    cout << "请输入半径 r：r = ";
    cin >> r;
    cout << "圆的面积为 area = " << AREA(r);
}
```

运行结果如图 3-66 所示。

图 3-66　例 3-33 的运行结果

（1）与带参数的宏定义一样，当程序遇到 AREA 时，即以 PI*x*x 代替，从而完成运算。

值得注意的是，当宏定义有参数时，严格地执行替换工作，所以有可能改变运算的优先级。例如在本例中，若将求面积部分改为 AREA(r+r)，则执行的运算是 PI*r+r*r+r，而不是 PI*(r+r)*(r+r)。所以，为了避免发生这种情况，最好将宏定义修改如下：

```cpp
#define AREA(x)  PI*(x)*(x)
```

（2）使用 #undef 可以结束宏的作用域。

3.8.2　文件包含

文件包含是指一个源程序文件中将另一个源程序包含进来。C++ 通过 #include 来实现文件包含的操作。被包含的文件分为两种：一种以 .cpp 为扩展名的源文件，另一种以 .h 为扩展名的头文件。

文件包含的一般格式如下：

```cpp
#include "文件名"
```

或

```cpp
#include <文件名>
```

一个 include 语句只能包含一个文件。对于系统提供的头文件，一般使用第二种格式；对于用户自己编写的文件，一般使用第一种格式。

　　文件包含的作用是将指定的文件包含到当前文件中，当预编译时，用被包含文件的内容取代该预编译命令，再对包含后的文件做一个源文件编译。这样有效地减少了程序设计人员的重复劳动，提高了程序的开发效率。

　　例 3-34　文件包含实例。

　　（1）自定义头文件 compute.h。

　　在解决方案资源管理中右击"头文件"文件夹，选择"添加"→"新建项"命令，如图 3-67 所示。执行"新建项"命令后，弹出如图 3-68 所示对话框，在该对话框中选择头文件（.h），输入名称 compute.h 作为头文件名，选择文件保存位置，单击"添加"按钮，打开头文件编辑器。

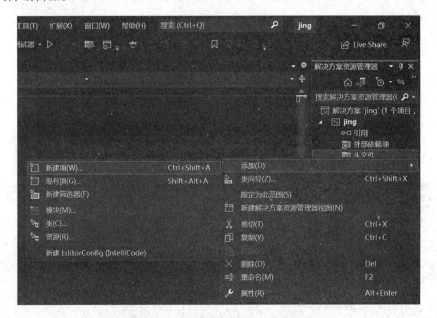

图 3-67　在头文件文件夹添加新建项

图 3-68　"添加新项"对话框

　　（2）compute.h 头文件内容。

```cpp
#include <iostream>
using namespace std;
#define max(x,y) ((x>y)?x:y)
#define min(x,y) ((x<y)?x:y)
```

　　（3）在源程序文件头部添加 compute.h 文件的包含，即添加 #include "compute.h"。使用该头文件的源文件程序代码如下：

```cpp
#include <iostream>
using namespace std;
#include "compute.h"
int main()
{
    int x, y, z,t;
    cout << "请输入x, y, z: " ;
    cin >> x >> y >> z;

    cout << "最大值为: " << max( max(x, y), z) << endl;
    cout << "最小值为: " << min(min(x, y), z) << endl;
}
```

运行结果如图 3-69 所示。

图 3-69 例 3-34 的运行结果

（1）compute.h 为头文件，源程序文件中将该头文件包含进来，当使用头文件中的函数时，直接使用即可。

（2）iostream 是一个系统提供的头文件，它包括输入/输出对象 cin 和 cout 的说明。

当使用 <> 包含文件时，系统直接到系统指定的目录中查找要包含的文件，如果找不到，编译器报错；当使用 "" 包含文件时，系统按照文件路径查找要包含的文件，若 "" 中未给出绝对路径，则默认在用户当前目录中寻找。

（3）C++ 编程常用头文件及其包含函数如表 3-2 所示。

表 3-2 常用头文件及其包含函数

常用头文件	作　用	常 用 函 数
iostream	标准的头文件	cin、cout
math	数学类	abs()、fabs()、labs()、ceil()、floor()、fmod()、exp()、pow()、sqrt()、cos()、sin()、tan()、modf()
string	字符串类	begin()、end()、size()、length()、size()、empty()、swap()、insert()、clear()、replace()、substr()、o_lower()、to_upper()、transform()
cstdlib	常用函数库	calloc()、free()、malloc()、realloc()、srang()、rand()、abort()、exit()

续表

常用头文件	作　　用	常 用 函 数
algorithm	通用算法	for_each()、find()、count()、mismatch()、search()、copy()、swap()、transform()、replace()、fill()、generate()、remove()、unique()、reverse()、rotate()、random_shuffle()、partition()、stable_partition()、sort()、merge()
set	模板类"集合"的头文件	vector()、insert()、count()、find()
ctime	把日期和时间转换为字符串	time()、clock()、difftime()、mktime()、asctime()、ctime()、strftime()
local	用于处理不同国家的语言差异	setlocale()、localeconv()
windows	封装了库函数以及一些类，将一些复杂的工作由库函数处理	SendMessage()、FindWindow()、Sleep()、WindowFromPoint()、GetLocalTime()
time	对日期和时间操作	time_t time()、localtime()、ctime()、time()、asctime()、difftime()、gmtime()、tzset()

3.8.3　条件编译

正常情况下源程序中的每一行都要进行编译。有时候希望程序中的一部分内容只有在满足一定条件的时候才进行编译，如果不满足条件，就不编译这部分内容，这就需要使用条件编译。

条件编译包括两种：一种是宏名作为编译条件，另一种是表达式作为编译条件。

当宏名为编译条件时，其格式如下：

```
#ifdef 标识符
程序段 1
[#else
程序段 2]
#endif
```

或

```
#ifndef 标识符
程序段 1
[#else
 程序段 2]
#endif
```

前者的功能是：当指定的标识符已经被 # define 命令定义过时，则在程序编译阶段只编译程序段 1，否则编译程序段 2。后者的功能是：当所指定的标识符没有被 # define 命令定义过时，则在程序编译阶段只编译程序段 1，否则编译程序段 2。以上两种格式中，else 部分可以省略。

例 3-35　条件编译实例。

```cpp
#include <iostream>
using namespace std;
#define PI 3.14
#define ERROR
void main()
{
    int r=3;
    #ifndef  ERROR
        cout<<"r="<<r;
    #else
        cout<<PI*r*r<<endl;
    #endif
}
```

运行结果如图 3-70 所示。

图 3-70　例 3-35 的运行结果

　　　由于 ERROR 被 # define 定义过，所以编译时执行 # else 对应的代码，即计算圆形的面积。

条件编译中的编译条件也可以是表达式，格式如下：

```
#if 表达式
    程序段 1
#else
    程序段 2
#endif
```

其功能是：当指定的表达式值为真时编译程序段 1，否则编译程序段 2。

3.9　项 目 改 进

对于"ATM 自动取款机"，使用分支语句 if else、switch 和中断语句 break 实现了 ATM 单次操作；使用循环语句 for、while、do…while 和中断语句 break 实现了 ATM 反复操作；使用模块化程序设计，让 ATM 流程简洁、易操作。但是，实际应用中，ATM 可以修改密码，转账，存钱，在密码多次错误后会锁定银行卡。本着完善功能及提升效率的原则，后续开发可以在如下几个方面完善项目。

（1）增加"密码修改"功能。

（2）增加"存钱"功能。

（3）在三次输入密码错误之后，提示用户账户锁定。

练一练：请你也想一想，看看还可以从什么地方完善 ATM 系统呢？＿＿＿＿＿＿＿＿

＿＿＿＿＿＿＿＿＿＿＿＿＿＿＿＿＿＿＿＿＿＿＿＿＿＿＿＿＿＿＿＿＿＿＿＿＿＿

＿＿＿＿＿＿＿＿＿＿＿＿＿＿＿＿＿＿＿＿＿＿＿＿＿＿＿＿＿＿＿＿＿＿＿＿＿＿

＿＿＿＿＿＿＿＿＿＿＿＿＿＿＿＿＿＿＿＿＿＿＿＿＿＿＿＿＿＿＿＿＿＿＿＿＿＿

3.10　你知道吗

1. 大国工匠——宋燕林：火箭数控编程的"快手"

什么是工匠精神？工匠精神是精益求精、追求完美和极致，不惜花费时间精力，反复改进产品，把 99% 提高到 99.99%。工匠精神是严谨、一丝不苟，对产品采取严格的检测标准，不达要求绝不轻易交货。工匠精神是耐心、专注、坚持，不断提升产品和服务。工匠精神是专业、敬业，打造本行业最优质的产品。

宋燕林，中国运载火箭技术研究院（以下简称"火箭院"）所属的长治清华机械厂数控操作工。22 岁从学校毕业进厂后，从基础做起，努力学习先进加工技术和专业理论知识。上班时，他在师傅身边反复地琢磨，遇到难题就请教。不到一个月，宋燕林就掌握了计算机编程，能够独立编出加工程序，成为加工组的一名技术骨干。宋燕林不仅在实践中检验自己的理论知识，还不断验证自己的新方法。几年来，宋燕林在加工实践中提出的"模块化参数编程法""系统参数应用编程法"等高效编程方式，降低了辅助编程时间，编程准确率高达 100%。作为厂里的数控编程"快手"，宋燕林代表长治清华机械厂参加了很多行业技能竞赛，不但为厂赢得了荣誉，还与其他数控"快手"切磋、学习，促进技能提升。

2014 年、2016 年，宋燕林分获中国技能大赛第六届全国数控技能大赛山西赛区数控铣组第二名、第七届全国数控技能大赛山西赛区数控铣组第一名的好成绩，曾连续两年闯进全国总决赛数控铣组前二十名。他还被中国航天科技集团公司授予"航天技术能手"称号，被山西省授予"山西省五一劳动奖章"称号。

2. 科技是第一生产力

党的二十大报告提出："必须坚持科技是第一生产力、人才是第一资源、创新是第一动力，深入实施科教兴国战略、人才强国战略、创新驱动发展战略，开辟发展新领域新赛道，不断塑造发展新动能新优势。"这深刻体现了我们党对科技推动生产力发展的规律性认识，进一步丰富发展了马克思主义生产力理论，在新征程上推进科技创新、实现创新发展提供了科学指引。习近平总书记指出："科技创新，就像撬动地球的杠杆，总能创造令人意想不到的奇迹。"科技是第一生产力，是先进生产力的集中体现和主要标志。人类历史上每一次重大科技进步都改进了劳动工具，提高了劳动者素质，带来劳动生产率极大提高、产业结构快速优化升级，给经济社会发展增添强大驱动力。当今时代，科技创新极大拓展人类认知的广度、深度、精度，是经济社会发展的重要引擎，也是应对许多全球性挑战的有力武器，日益成为影响世界现代化进程的关键变量。

3. 中国大学生程序设计竞赛（CCPC）

中国大学生程序设计竞赛（China Collegiate Programming Contest，CCPC）是工业和

信息化部教育与考试中心主办的"强国杯"技术技能大赛项目，由中国大学生程序设计竞赛组委会组织承办，旨在激发高校学生学习计算机领域专业知识与技能的兴趣，鼓励学生灵活运用计算机知识和技能解决实际问题，有效提升算法设计、逻辑推理、数学建模、编程实现和计算机系统能力，培养团队合作意识、挑战精神和创新能力，培育和选拔出一大批素质优良、结构合理的高素质信息技术人才队伍，服务"两个强国"建设。

举办 CCPC 的初衷是打破美国在大学生程序设计竞赛方面的垄断，规范和完善中国大学生程序设计竞赛体系，开展具有中国特色的大学生程序设计竞赛活动，把竞赛融入中国高校人才培养体系，规范办赛，高水平办赛，维护赛事的公平公正，促进高校教学改革，丰富高校人才培养内涵。自从 2015 年首届 CCPC 竞赛以来，赛事规模发展迅猛，竞赛影响力持续提升，已经成为中国水平最高、规模最大，以及大学生心目中最公平公正的计算机学科竞赛，为我国 IT 业的发展培养和选拔了大批人才。

想一想

1. 程序控制结构有几种？分别是什么？
2. 有哪些语句是和控制程序的结构有关的？请分别指出其功能、基本语法结构。
3. 为什么在程序设计中引入函数？
4. 函数定义的基本结构是什么？
5. 什么是内联函数？声明内联函数的方法是什么？
6. 变量的存储类型有哪些？其含义分别是什么？

做一做

1. 某公司的职员的工资为底薪 + 提成，底薪每月固定不变为 1000 元，提成根据当月业绩的利润而定，提成的计算公式如下：

1000 ≤ 利润 < 2000   提成 10%；

2000 ≤ 利润 < 4000   提成 12%；

4000 ≤ 利润 < 6000   提成 15%；

6000 ≤ 利润 < 8000   提成 20%；

利润 ≥ 8000   提成 25%；

请编写一个程序，输入职工完成的利润，计算并输出该职工当月的工资收入。要求分别使用 if 语句和 switch 语句实现。

2. 编写程序，输出如下的图案。

```
   *
  ***
 *****
*******
 *****
  ***
   *
```

3. 编写程序，判断一个数是不是"水仙花数"。"水仙花数"指的是其各位数字的立方和等于该数本身。例如，$153 = 1^3 + 5^3 + 3^3$。

4. 编写函数输出乘法表。乘法表的输出类似于九九乘法表，要求用户输入数 n，在屏幕上输出从 1*1=1 到 n*n=n^2 之间的列表。如输入 n=4，则输出如下列表：

1*1=1

2*1=2 2*2=4

3*1=3 3*2=6 3*3=9

4*1=4 4*2=8 4*3=12 4*4=16

5. 编写程序，从键盘上输入一个整数 n（不知道是几位数），将这个整数 n 中的每个位数按照逆序顺序输出。

6. 编写程序，分别求 100 之内奇偶的和。

7. 编写程序，输入一个整数 n，输出下列函数的值。

$$f(n) = \begin{cases} 1 & (n=1) \\ n+f(n-1) & (n\neq1) \end{cases}$$

在线测试

扫描下方二维码，进行项目 3 在线测试。

项目 3 在线测试

项目 4
学生通讯录管理系统

知识目标：

（1）理解结构体的含义。

（2）掌握结构体的定义和结构体变量的使用。

（3）理解数组的含义和特点。

（4）掌握一维数组的定义。

（5）掌握一维数组的初始化和遍历方法。

（6）掌握写文件的方法。

（7）掌握读文件的方法。

（8）掌握字符数组的使用方法。

（9）掌握字符串类型的常用方法。

（10）理解二维数组的含义。

（11）掌握二维数组的定义和使用。

（12）认识共用体。

（13）掌握共用体的使用方法。

技能目标：

（1）能够根据功能需要定义结构体类型。

（2）能够使用结构体变量解决实际问题。

（3）能够熟练使用数组解决问题。

（4）能够将数据写入文件。

（5）能够从文件中读取数据。

（6）能够熟练使用字符数组解决实际问题。

（7）能够熟练应用字符串的方法。

（8）能够使用共用体解决问题。

素质目标：

（1）严格按照软件工程的工作过程进行项目开发。

（2）工作上精益求精，不断完善系统功能，增强用户体验。

（3）善于应用模块化思维分析问题，利用小函数分而治之地解决大问题。

（4）养成良好的内存管理习惯，及时关闭流。

思政目标：

（1）坚守祖国领土不可分割的底线，维护国家主权和领土完整是每个公民的义务，保卫祖国每一寸土地，我泱泱大国才如雄鸡般屹立东方。

（2）坚持民族团结和睦相处的原则，各民族同心同德共同发展是国家长治久安的保障，实现民族共同富裕，我华夏文明才能代代传承续写辉煌。

4.1　项目情景

某大学建筑学院 1999 级工程造价 1 班的毕业生要举办毕业 20 周年庆祝活动，几个班委成员商议，制作一个学生通讯录管理系统，作为本次聚会的特别礼物送给每个同学，一是为往昔的同窗生涯留个纪念，二是便于大家日后加强沟通。于是，找到了一家软件公司定制该款产品。

该通讯录不但具有普通通讯录的功能，如记录同学的姓名、性别、地址、电话、工作单位等信息，还记录同学上学时的相关信息，包括班委任职、宿舍号等。经过一段时间的需求分析工作，最终软件公司的项目经理确定了该通讯录的任务清单如表 4-1 所示。

表 4-1　项目 4 任务清单

任务序号	任务名称	知识储备
T4-1	学生信息的输入 / 输出	• 结构体的定义和使用 • 一维数组的定义与使用
T4-2	学生信息的管理	• 字符数组 • 字符串
T4-3	用户信息的保存与读取	• 文件的写操作 • 文件的读操作

4.2　任务 1 相关知识

4.2.1　结构体

一条学生通讯录的记录需要包含学生的姓名、年龄、联系电话等信息。很明显，这些数据信息的类型是不同的，应该使用不同类型的变量来描述这些数据，例如姓名是字符串，年龄是整型等。但是，如果单独使用不同的变量来定义这些属性，难以体现出它们同属于一条记录的这种内在联系，因此，我们需要把这几个数据存储在一起，作为一个整体来处理它们。C++ 提供了结构体这种数据类型，可以组合不同的成员变量。

使用结构体这种数据类型能很轻松地把一些类型和含义都不同的数据信息组织在一起，否则，程序需要定义多个不同数据类型的变量来分别存储通信录的信息，这将为管理程序增加难度。试想一下，如果不使用结构体，则在定义一条通讯录的相关信息时，假设需要定义 4 个变量表示一个通讯录记录，如果我们的通讯录需要存储 100 个学生的信息，就要定义 100×4 个变量。很明显，程序员需要花费大量的精力来管理这些变量，变量的使用很不方便，大大降低了代码的执行效率。

1. 结构体定义

结构体类型的定义格式如下。

```
struct 结构体类型名
{
    数据类型    成员名1;   //结构体成员1
    数据类型    成员名2;   //结构体成员2
    ……
    数据类型    成员名n;   //结构体成员n
};
```

（1）在声明结构体时，首先指定 struct 关键字和结构体类型名，然后使用一对大括号将若干个结构体成员的数据类型描述括起来，最后用分号结束。

（2）定义好的结构体相当于一种数据类型，要使用这种类型，还需要声明这种结构体类型的变量。

（3）必须在声明结构体变量之前定义结构体类型，否则就会出现编译错误。

例如，下面的定义描述一个学生通讯录信息的结构体类型，包括学生姓名、年龄、性别等信息。

```
struct Student
{
    string Name;
    int Age;
    char Sex;
    string Tel;
};   //分号不能省略
```

（1）结构体类型是用户自行构造的。

（2）结构体由若干不同的成员变量构成。

（3）结构体属于 C++ 语言的一种数据类型，与整型、实型相当。因此，定义它时不分配空间，只有用它定义变量时才分配空间。

2. 定义结构体变量

C++ 语言中定义结构体类型变量的一般语法格式如下。

```
struct 结构体名
{
    成员列表;
};
struct 结构体名 变量名;
```

例如，利用前面定义的学生结构体 Student 定义学生结构体的变量。

```
Student student1;          //定义一个结构体变量 student1
Student student2,student3; //定义两个结构体变量
```

除了上面常用的变量定义格式，还可以使用下列两种方式定义结构体变量。

（1）在定义结构体类型的同时定义变量。定义的一般形式如下：

```
struct 结构体名
{
    成员列表；
} 变量名；
```

（2）直接定义结构类型变量。定义的一般形式如下：

```
struct                          //没有结构体名
{
    成员列表；
} 变量名；
```

3. 结构体变量的使用

定义了结构体变量后，就可以使用这个变量。结构体变量是若干成员的集合体。在程序中使用结构体变量时，一般情况下不把它作为一个整体参与数据处理，而是分别取出其某个成员进行运算和操作。

结构体变量的成员用以下形式表示。

结构体变量名．成员名

在定义了结构体变量后，就可以对结构体变量的每个成员赋值。

例如，为前面定义的结构体变量 student1 赋值。

```
student1.Name=" 孙奇振 ";
student1.Age=16;
student1.Sex='F';
```

4. 结构体变量的初始化

与其他类型变量一样，也可以给结构体的每个成员赋初值，这称为结构体变量的初始化。有两种初始化形式。

（1）在定义结构体变量时进行初始化。

结构体名 变量名 ={ 初始数据表 }；

（2）在定义结构体类型时进行结构体变量的初始化。

```
struct 结构体名
{

    成员列表；
} 变量名 ={ 初始数据表 }；
```

例如，定义学生结构体变量并进行初始化。

```
Student student1={" 李晓 ",18,'F'};
```

例 4-1　结构体变量的使用。

```
#include <iostream>
```

```
using namespace std;
struct Student
{
    string Name;              //头文件需要添加 "#include <string>"
    int Age;
    char Sex;
    string Tel;
};
int main()
{
    Student Stu1;
    Stu1.Name = " 张三 ";
    Stu1.Age = 17;
    Stu1.Sex = 'f';
    Stu1.Tel = "13800000000";
    cout << " 姓名 :" << Stu1.Name << endl;
    cout << " 年龄 :" << Stu1.Age << endl;
    cout << " 性别 :" << Stu1.Sex << endl;
    cout << " 电话 :" << Stu1.Tel << endl;
}
```

运行结果如图 4-1 所示。

结构体的
使用

图 4-1 例 4-1 的运行结果

4.2.2 一维数组

在程序设计中，有时候要用到许多数据，而数据总是存放在变量中的，那么就需要使用许多变量。变量一多，程序就变得难以管理了。很多时候，要使用的这些数据类型相同，且彼此间存在一定的顺序关系，这时便可以使用数组类型来简化程序。

数组是一组有序数据的集合，每个数据称为数组的一个元素。这些元素数据类型相同，存储空间连续，用一个统一的数组名和下标来唯一地确定每个元素。各元素在内存中顺序存放，数组名代表数组元素在内存中的起始地址，即第一个元素的地址。

数组可以分为一维数组、二维数组和字符数组，下面介绍一维数组的基本内容。

1. 一维数组的定义

一维数组的定义格式如下：

类型标识符　数组名 [元素个数]；

（1）类型标识符可以是基本数据类型，也可以是复杂数据类型，如用户定义的结构体等。

（2）元素个数是一个整型常量或表达式，它表示数组元素的个数，即数组的长度。

例如，下面给出了几个数组的定义：

```
char name[20];    //定义一个字符型数组，共 20 个元素，每个元素都是 char 型
int a[3];         //定义一个整型数组
float x[3],y[4];  //同时定义了两个浮点型数组
```

以第二个数组 a 为例，这是一个一维整型数组，数组名为 a，数组共有 3 个元素，分别是 a[0]、a[1]、a[2]。切记：数组元素的下标是从 0 开始的，因此数组 a 没有 a[3] 这个元素。三个元素在内存中的存放顺序如图 4-2 所示。

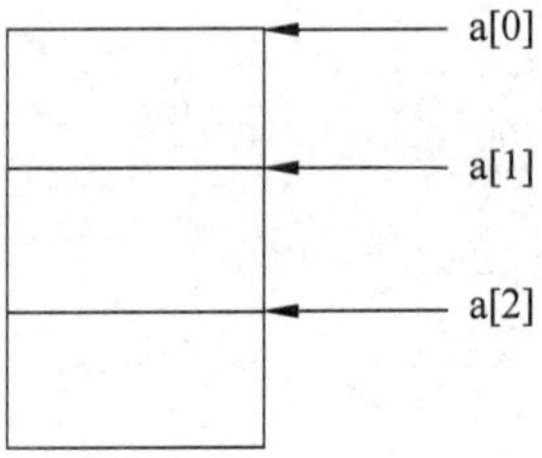

2. 一维数组的访问

数组要先定义后使用。使用数组时，需要分别对数组的各个元素进行操作。数组元素的访问格式如下：

数组名 [下标]

例如：

```
int num[3];
num[0]=100;       //将整数 100 存入数组 num 的第 0 个单元中
```

图 4-2　数组元素存放顺序

由于各数组元素下标连续，所以可以借助循环依次访问每个数组元素。

例 4-2　数组的定义与使用。

```
#include <iostream>
using namespace std;
int main()
{
    int a[5];
    int i;
    for(i=0;i<5;i++)
        a[i]=i;                              //为数组元素赋值
    for(i=4;i>=0;i--)
        cout<<"a["<<i<<"]="<<a[i]<<endl;    //遍历输出数组元素
}
```

运行结果如图 4-3 所示。

图 4-3　例 4-2 的运行结果

3. 一维数组的初始化

数组可以在声明的同时进行初始化。初始化时数组元素的多个初始值要放在一对花括

号中，各值之间用逗号分开。如果大括号中初始值的个数比所声明的数组元素少，则不够的部分系统自动补 0。

当数组在定义的同时初始化时，方括号里数组长度可以省略。编译器会自动根据初始值列表中数据的个数确定数组的长度。例如：

```
int a[3]={0,1,2};        //a[0]=0,a[1]=1,a[2]=2
int a[5]={1,2,3};        //a[0]=1,a[1]=2,a[2]=3,a[3]=0,a[4]=0
int a[ ]={1,2,3};        //a[0]=1,a[1]=2,a[2]=3
```

一维数组可以使用循环方便地处理多个数据的情况，所以在实际应用中使用广泛。

例 4-3　输入 5 个学生 C++ 课程的成绩，求总分和平均分。

一维数组
的使用

```
#include <iostream>
using namespace std;
int main()
{
    int i;
    float score[5];        //定义数组 score
    float s=0.0,avg;
    cout<<" 请输入 5 个学生的 C++ 成绩 :"<<endl;
    for(i=0;i<5;i++)
    {
        cin>>score[i];
        s+=score[i];
    }
    avg=s/5;
    cout<<" 总分是: "<<s<<endl;
    cout<<" 平均分是: "<<avg<<endl;
}
```

运行结果如图 4-4 所示。

图 4-4　例 4-3 的运行结果

试一试：如果不用数组解决这个问题，代码该如何编写？比较一下，即可看出数组的优势所在。

例 4-4　生成 10 个 100 以内的随机数，并按升序排列，然后输出。

```
#include <iostream>
#include <ctime>
using namespace std;
int main()
{
    srand(time(NULL));
    int numbers[10];
```

```
    cout << "生成10个随机数: " << endl;
    for (int i = 0; i <= 9; i++)
    {
        numbers[i] = rand() % 100;
        cout.width(5);
        cout << numbers[i];
    }
    cout << endl;
    cout << "升序排列后: " << endl;;
    for(int i=0; i<9; i++)
    {
        for(int x=0; x<9-i; x++)
        {
            if(numbers[x]>numbers[x+1])
            {
                int need = numbers[x];
                numbers[x]=numbers[x+1];
                numbers[x+1] = need;
            }
        }
    }
    for(int i=0; i<10; i++)
    {
        cout.width(5);
        cout<<numbers[i];
    }
    cout<<endl;
}
```

运行结果如图 4-5 所示。

图 4-5 例 4-4 的运行结果

例 4-5 生成 10 个 0~15 的随机数，保证 10 个数字各不相同。

```
#include <iostream>
#include <ctime>
using namespace std;
void output(int a[], int n);                        //输出数组
void init_norepeat_array(int a[], int n);   //生成互不相同的 10 个随机数
int main()
{
    srand(time(0));
    int numbers[10];
    //调用函数，为数组赋值
    cout << "在 0~15 的范围内生成 10 个互不相同的随机数: "<<endl;
```

```
    init_norepeat_array(numbers, 10);
    //调用函数, 输出数组的值
    output(numbers, 10);
}
//给定数组, 输出每个数组元素的值
void output(int a[], int n)
{
    for(int i=0; i<n; i++)
    {
        cout.width(5);
        cout << a[i];
    }
    cout<<endl;
}
//给定数组, 生成 10 个互不相同的随机数并放入数组
void init_norepeat_array(int a[], int n)
{
    for(int i=0; i<n; i++)
    {
        int j;
        int temp;
        do
        {
            temp=rand() % 15;
            for(j=0; j<i; j++)
            {
                if(a[j]==temp)
                {
                    break;
                }
            }
        } while(j<i);
        a[i] = temp;
    }
}
```

例 4-5 的运行结果如图 4-6 所示。

图 4-6 例 4-5 的运行结果

例 4-6 生成 10 个 10 以内的随机数, 统计每个数字出现的次数。

```
#include <iostream>
#include <ctime>
using namespace std;
void output(int a[], int n);           //输出数组
void init_numbers(int a[], int n);     //初始化数组
void sort(int a[], int n);             //数组元素排序
```

```cpp
void analysis(int a[], int n);          //统计重复数字的个数
int main()
{
    srand(time(0));
    int numbers[10];
    //生成随机数，初始化数组
    init_numbers(numbers, 10);
    cout<<" 生成的 10 个随机数为: "<<endl;
    output(numbers, 10);
    //数组降序排列
    sort(numbers, 10);
    cout << "10 个数字降序排列: " << endl;
    output(numbers, 10);
    cout << " 统计结果: " << endl;
    //统计并输出
    analysis(numbers, 10);
}
void output(int a[], int n)
{
    for(int i=0; i<n; i++)
    {
        cout.width(5);
        cout<<a[i];
    }
    cout<<endl;
}
void init_numbers(int a[], int n)
{
    for(int j=0; j<n; j++)
    {
        a[j]=rand()%10;
    }
}
void sort(int a[], int n)
{
    for(int i=0; i<n; i++)
    {
        for(int j=0; j<n-1-i; j++)
        {
            if (a[j]<a[j+1])
            {
                int temp=a[j];
                a[j]=a[j+1];
                a[j+1]=temp;
            }
        }
    }
}
void analysis(int a[], int n)
```

```
{
    int count=1;
    for(int i=1; i<n; i++)
    {
        if(a[i]!=a[i-1])
        {
            cout<<a[i-1]<<":"<<count<<endl;
            count=1;
            if(i==n-1)
                cout << a[i] << ":" << count << endl;
        }
        else
        {
            count++;
            if(i==n-1)
            {
                cout << a[i] << ":" << count << endl;
            }
        }
    }
}
```

例 4-6 的运行结果如图 4-7 所示。

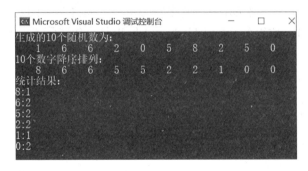

图 4-7　例 4-6 的运行结果

　　数组是一种复杂的数据类型，数组各成员彼此平等，位置连续。如果定义一个数组表示中国的行政区划，那么这个数组的长度是多少呢？我们的国家有 23 个省，5 个民族自治区，4 个直辖市和 2 个特别行政区，每个行政区域都是中华人民共和国不可分割的一部分。所以这个数组应该有 34 个元素，一个都不能少。古往今来，多少仁人志士为了保卫祖国的土地流血牺牲，才换来了如今似雄鸡一般屹立东方的强大的祖国。习总书记说："我们伟大祖国的每一寸领土都绝对不能也绝对不可能从中国分割出去。"坚守祖国领土不可分割的底线，维护国家主权和领土完整是每个公民的义务。

　　结构体也是一种复杂的数据类型。结构体的成员变量和结构体之间是部分与整体的关系。如果定义一个结构体类型表示中国的民族构成，那么这个结构体有多少个成员？56个。我国是统一的多民族国家，民族团结是各族人民的生命线，每一个民族都是中华民族大家庭不可缺少的成员。铸牢中华民族命运共同体意识，加强民族团结，各民族同心协力，共同发展，祖国才能更加繁荣昌盛，走向辉煌！

4. 结构体数组

结构体是一种用户自定义的数据类型，与其他基本数据类型一样，也可以定义结构体类型的数组。要定义结构体数组，必须先声明结构体。

结构体数组的定义方式与普通数组相同。例如：

```
struct Student
{
    char Name[20];
    int Age;
    char Sex;
    char Tel[13];
};
//定义一个 Student 类型的数组 st，该数组包含 100 个元素
struct Student st[100];
```

结构体数组中，每个元素都是一个结构体变量。结构体数组的初始化和访问方法与普通数组一样，均通过"数组名 [索引]"的方式取出每个数组元素。只不过由于取出的元素都是结构体变量，还需要进一步访问其成员变量。

例如，想要访问结构体数组 st 的第 i 个元素的成员，可以使用下面的形式：

```
st[i].Age=18;
st[i].Sex='F';
```

其中，st[i] 表示数组 st 的第 i 个元素，Age 和 Sex 均是该 Student 类型的成员变量。

4.3   任务 1 实现

任务序号是 T4-1，任务名称是"学生信息的输入 / 输出"。

1. 需求分析

根据用户需求，通讯录中每个学生个体需要记录姓名、年龄、性别、电话、通信地址、工作单位、班委任职、宿舍号等相关信息，所以建立一个 Student 结构体，包含这 8 项内容，其中，除了年龄使用整型数据存储外，其余信息全部为字符串，应使用字符数组存储。

由于通讯录记录的是多个结构体对象的信息，所以建立结构体数组存储多条记录。使用该通讯录，首先要实现的功能是学生信息的输入 / 输出，即输入所有联系人的信息，然后将通讯录内容全部输出。当然，为避免信息一次性录入不完，或新增联系人，也允许用户随时添加信息。因此，本任务将实现功能菜单中的输入、输出和添加等 3 个功能项。

定义全局变量 Num 表示当前通讯录中实际存储的人数，并初始化 Num 为 0。

2. 流程设计

任务 T4-1 的流程设计如图 4-8 所示。

根据流程图分析，需要编写函数实现输入信息、输出信息和添加信息等功能，并在主函数中循环调用。

（1）输入信息功能。输入信息对应的流程图如图 4-9 所示。

项目 4 的
任务 1 流程
执行过程

输入信息
流程执行
过程

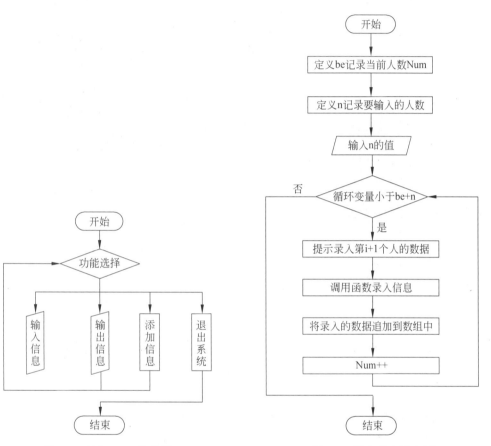

图 4-8　任务 T4-1 流程图　　　　图 4-9　输入信息流程图

（2）输出信息功能。输出信息对应的流程图如图 4-10 所示。

（3）添加信息功能。添加信息对应的流程图如图 4-11 所示。

3. 代码编写

（1）主函数及全局变量的定义。

```
struct Student                  //定义学生结构体
{
    char Name[9];               //存储姓名
    int Age;                    //存储年龄
    char Sex[3];                //存储性别
```

输出信息
流程执行
过程

添加信息
流程执行
过程

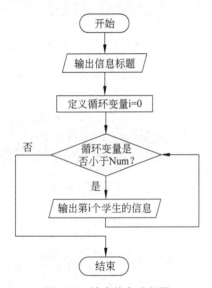

图 4-10　输出信息流程图

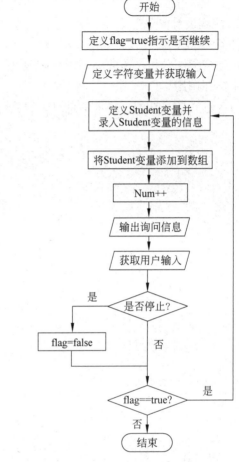

图 4-11　添加信息流程图

```
        char Tel[12];                    //存储电话
        char Address[100];               //存储地址
        char Workunit[100];              //存储工作单位
        char Committee[10];              //存储班委任职情况
        char Dorm[10];                   //存储宿舍号
};
void showMenu();                         //显示程序功能菜单
Student inputOneStu();                   //输入一个学生信息
void outputTitle();                      //输出通讯录标题
void outputStuByIndex(int index);        //输出第 index 个学生的信息
void outStu();                           //输出通讯录数据
void inStu();                            //输入通讯录数据
void appendStu();                        //添加通讯录数据
Student st[100];                         //最多可以存 100 个学生
int Num = 0;                             //保存现有系统中实际存在人数
int main()
{
```

```
    int sel;
    while (1)
    {
        showMenu();
        cout << "请输入对应的操作编号: ";
        cin >> sel;
        switch (sel)
        {
        case 1:
            inStu();
            break;
        case 2:
            outStu();
            break;
        case 3:
            appendStu();
            break;
        case 0:
            cout << "通讯录关闭，欢迎下次使用! " << endl;
            exit(1);
        }
    }
}
```

（2）显示程序功能菜单。

```
void showMenu()
{
    cout << endl << endl;        //换两行
    cout << "********** 欢迎使用学生通讯录管理系统 **********" << endl;
    cout << "\t\t 输入学生 ---1" << endl;
    cout << "\t\t 输出学生 ---2" << endl;
    cout << "\t\t 追加记录 ---3" << endl;
    cout << "\t\t 退出系统 ---0" << endl;
    cout << endl;                 //换一行
}
```

（3）输入通讯录信息。

```
//输入通讯录信息
void inStu()
{
    int n, i, be;
    be=Num;
    cout << "n=";
    cin >> n;
    for (i=be; i < be+n; i++)
    {
        cout << "请输入第 " << i+1 << " 个学生的信息 " << endl;
        Student stu=inputOneStu();
```

```
            st[i]=stu;
            Num++;
        }
}
//输入一个学生信息
Student inputOneStu()
{
        Student stu;
        cout << "姓名: ";
        cin >> stu.Name;
        cout << "年龄: ";
        cin >> stu.Age;
        cout << "性别: ";
        cin >> stu.Sex;
        cout << "电话: ";
        cin >> stu.Tel;
        cout << "地址: ";
        cin >> stu.Address;
        cout << "工作单位: ";
        cin >> stu.Workunit;
        cout << "班委任职: ";
        cin >> stu.Committee;
        cout << "宿舍号: ";
        cin >> stu.Dorm;
        return stu;
}
```

（4）输出通讯录信息。

```
//输出全部通讯录信息
void outStu()
{
        outputTitle();
        for (int i = 0; i < Num; i++)
        {
            outputStuByIndex(i);
        }
}
//输出标题
void outputTitle()
{
        cout << "以下是通讯录中所有同学的信息: " << endl;
        cout.width(6);
        cout << "姓名";
        cout.width(6);
        cout << "年龄";
        cout.width(6);
        cout << "性别";
        cout.width(15);
        cout << "电话";
```

```
    cout.width(30);
    cout << "地址";
    cout.width(20);
    cout << "单位";
    cout.width(8);
    cout << "班委";
    cout.width(6);
    cout << "宿舍" << endl;
    cout << "----------------------------------------------" << endl;
}
//输出第 i 个同学信息
void outputStuByIndex(int index)
{
    cout.width(6);
    cout << st[index].Name;
    cout.width(6);
    cout << st[index].Age;
    cout.width(6);
    cout << st[index].Sex;
    cout.width(15);
    cout << st[index].Tel;
    cout.width(30);
    cout << st[index].Address;
    cout.width(20);
    cout << st[index].Workunit;
    cout.width(8);
    cout << st[index].Committee;
    cout.width(6);
    cout << st[index].Dorm << endl;
    cout << "----------------------------------------------" << endl;
}
```

（5）添加通讯录信息。

```
//添加学生
void appendStu()
{
    bool flag=true;
    char choose;
    do {
        Student append;
        append=inputOneStu();
        st[Num]=append;
        Num++;
        cout << "是否继续添加？Y/N" << endl;
        cin >> choose;
        if (choose=='N'||choose=='n')
            flag=false;
    } while (flag);
}
```

4. 运行并测试

运行程序，系统显示主菜单页面，用户根据需要输入功能对应的编号，系统调用相关函数实现功能。

（1）输入通讯录信息。输入通讯录信息运行效果如图 4-12 所示。用户输入要录入的总人数 n=2，然后根据系统提示依次录入两个人的信息，录入完毕，信息会存入数组中。

图 4-12　输入通讯录信息运行效果图

（2）输出通讯录信息。信息录入完毕，为验证数据是否保存到了数组之中，用户在功能菜单中选择操作 2，让系统输出当前数组中的通讯录信息，运行结果如图 4-13 所示。

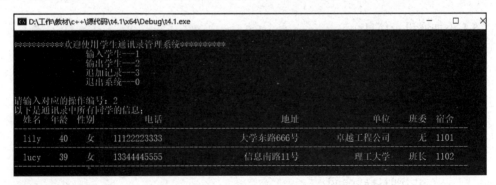

图 4-13　输出通讯录信息的运行结果

（3）添加通讯录信息。在系统菜单中选择 3，可以添加多个联系人的信息，添加的数据依次放入数组中。每添加完一个人的信息，根据系统提示输入 Y，可以继续添加下一个联系人。当全部数据添加完毕，输入 N，系统不再提示用户输入数据。此时，输出全部通讯录内容，可以验证信息添加成功。对应的运行效果如图 4-14 所示。

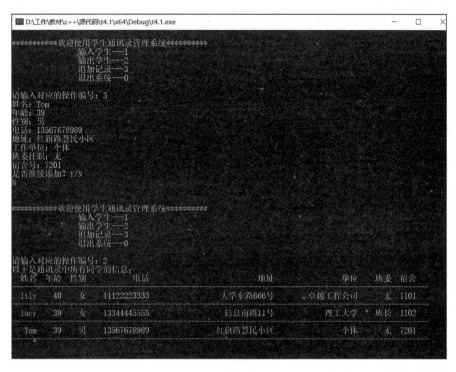

图 4-14 添加通讯录信息的效果

（4）退出系统。当不想再次使用通讯录时，根据系统菜单提示输入 0，系统会提示退出信息，并退出应用程序，效果如图 4-15 所示。

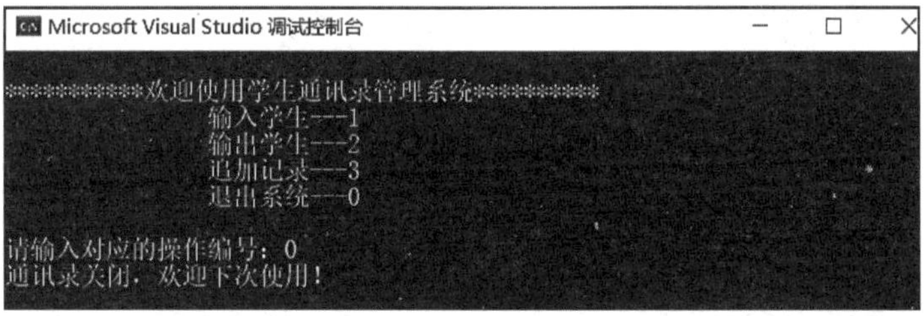

图 4-15 退出效果

小记录：
你在程序生成过程中发现_____个错误，错误内容如下。

_____

_____

大发现：

_____

_____

4.4 任务 2 相关知识

由若干个字符组成的序列称为字符串。字符串常量是用一对双引号括起来的字符序列，其在内存中按字符的排列次序顺序存放，每一个字符占一个字节，并在末尾添加 '\0' 为结束标记。在 C++ 的基本数据类型中没有字符串类型，C++ 使用字符数组或 string 类对字符串进行处理。

4.4.1 字符数组

当数组中的元素都是字符时，该数组为字符数组。在 C++ 中，用一个一维的字符数组表示字符串。数组的每一个元素保存字符串的一个字符，并附加一个 '\0' 字符在字符串的末尾，以标识字符串的结束。

所以，字符串就是以 '\0' 字符（空字符）结束的字符数组。字符数组的声明和使用方法同其他类型的数组相同。唯一不同的是当数组初始化时，系统会自动在数组的结尾放置一个 '\0' 字符。所以，如果一个字符串有 n 个字符，则至少需要长度为 n+1 的字符数组来保存它。但需要注意的是，字符串的长度并不包括结束符 '\0'。

1. 字符数组的初始化

存放字符串的数组长度应大于字符串的长度。对字符数组进行初始化赋值时，初值的形式可以是以逗号分隔的 ASCII 码或字符常量，也可以是整体的以双引号括起来的字符串常量，此时，系统自动在最后一个字符后增加 '\0' 作为结束符。

初始化字符数组可用下列形式：

```cpp
char str1[6]={ 'h', 'e', 'l', 'l', 'o'};    //hello
char str2[6]={ 'h', 'e', 'l', 'l', 'o', '\0'} ;
char str3[6]={ "hello"};
char str4[6]= "hello";
```

若在定义字符数组的同时对其初始化，编译器会根据字符串的长度，自动确定数组的长度，因此下面两种写法等价。

```cpp
char str[ ]="China";
char str[6]= "China";
```

（1）字符串常量和字符常量是有区别的，字符串常量是用双引号括起来的字符序列，而字符常量是用单引号括起来的单个字符。

（2）看似内容相同的字符串常量和字符常量，它们所占的内存空间也不同。例如："a" 是字符串常量，而 'a' 则是字符常量。在内存中字符串 "a" 占 2 个字节，因为还包含结束字符 '\0'，而字符 'a' 仅占一个字节。

2. 字符数组的输入和输出

用于存储字符串的字符数组，其每个字符可以通过"数组名 [下标]"的方式访问输出，这与其他数组是相同的。字符串输出时，可以逐个字符输出，也可以整体输出，输出字符串不包括 '\0'。字符串整体输出时，输出项是字符数组名，输出遇到 '\0' 结束。例如：

```
char str[ ]="China";
cout<<str;
```

4.4.2　字符数组处理函数

系统提供了若干函数对字符数组进行处理。本小节介绍四个常用函数，分别可以求字符数组的长度、进行字符数组复制、字符数组连接和字符数组比较。

1. 求字符数组的长度
函数原型：

```
strlen( const char str[] );
```

函数功能：计算字符串的长度，即统计字符串 str 中字符的个数，不包括字符串结束标志 '\0' 在内。该函数的返回值为整数。

例 4-7　求字符数组长度。

```
#include <iostream>
using namespace std;
int main()
{
    char str[100];
    cout << "请输入一个字符串 :";
    cin >> str;
    cout << "你输入的字符串长度为 :" << strlen(str) << "个。" << endl;
}
```

运行结果如图 4-16 所示。

图 4-16　例 4-7 的运行结果

（1）strlen 函数的功能是计算字符串的实际长度，不包括 '\0' 在内。
（2）strlen 函数也可以直接测试字符串常量的长度，如 strlen("Welcome")。

2. 字符数组的复制
函数原型：

```
strcpy(char str1[], const char str2[]);
```

函数功能：把字符数组 str2 复制到字符数组 str1 中，返回值为 str1。

（1）串结束标志 '\0' 也一同复制。

（2）字符数组 str2 也可以是一个字符串常量，这相当于用字符串给字符数组赋值。

例 4-8　字符数组的复制。

```
#define _CRT_SECURE_NO_DEPRECATE
#include <iostream>
using namespace std;
int main()
{
    char str2[20];
    cout << "请输入单词" << endl;
    cin >> str2;
    cout << "字符数组 2 的内容：" << str2<< endl;
    char str1[20] = "c++";
    cout <<" 执行复制后，字符数组 1 的内容："<< strcpy(str1, str2) << endl;
}
```

如果源代码中没写第一句话 define 进行定义，编译程序时可能会出现如下错误提示：

```
error C4996: 'strcpy': This function or variable may be unsafe. Consider
using strcpy_s instead. To disable deprecation, use _CRT_SECURE_NO_
WARNINGS. See online help for details.
```

出现该错误的原因是 strcpy() 方法为旧的 C 语言库中的方法。在旧的 C 语言库中，很多函数内部没有进行参数的检测，因此，微软编写了新的安全的函数，在函数内部增加了安全检测。当再使用这些旧函数时，就会给出安全提示。但这并不妨碍旧版函数的使用。只需在 include 头文件之前增加宏定义即可。

```
#define _CRT_SECURE_NO_DEPRECATE
```

对应的程序运行效果如图 4-17 所示。

图 4-17　例 4-8 的运行结果

（1）由于结束字符 '\0' 一同复制，所以第二个字符串将覆盖掉第一个字符串的所有内容。

（2）在定义数组时，str1 的字符串长度必须大于或等于 str2 的字符串长度。

（3）str1 必须是字符数组名或字符串变量，str2 可以是变量，也可以是字符串常量。

（4）不能直接对字符数组采用赋值运算符（=）进行赋值。

3. 字符数组的连接

函数原型：

```
strcat(char str1[], const char str2[]);
```

函数功能：将字符数组 str2 接到字符数组 str1 的后面，并返回新的 str1。

例 4-9 字符数组的连接。

```cpp
#define_CRT_SECURE_NO_DEPRECATE
#include <iostream>
using namespace std;
int main()
{
    char str1[100] = { "hello " };
    cout << "字符数组1: " << str1 << endl;
    char str2[] = { "world!" };
    cout << "字符数组2: " << str2 << endl;
    cout << "执行连接后，字符数组1: "<<strcat(str1, str2) << endl;
    cout << "执行连接后，字符数组2: " << str2 << endl;
}
```

运行结果如图 4-18 所示。

图 4-18 例 4-9 的运行结果

（1）在定义 str1 的长度时应该考虑 str2 的长度，因为连接后新字符串的长度为两个字符串长度之和。
（2）进行字符串连接后，str1 的结束符将自动被去掉，只保留新字符串后面一个结束符。

4. 字符数组比较

函数原型：

```
int strcmp(const char str1[], const char str2[]);
```

函数功能：比较两个字符数组 str1 和 str2，返回值为整数。当 str1 大于 str2 时，返回 1；当 str1 小于 str2 时，返回 -1；若二者相等，返回 0。

如果比较两个字符串，则比较的原则如下。
（1）依次比较两个字符串同一位置的一对字符，若它们的 ASCII 码相同，则继续比较下一对字符。若它们的 ASCII 码不同，则 ASCII 码大的字符串大。
（2）若所有字符均相同，则两个字符串相等。
（3）若一个字符串中的字符比较完了，而另一个字符串中还有字符，则还有字符的那个字符串大。

例 4-10　字符串比较。

```cpp
#include <iostream>
using namespace std;
int main()
{
    char s1[] = "hello";
    char s2[50];
    cout << "字符串 s1 是" << s1 << endl;
    cout << "请输入一个字符串 s2:";
    cin >> s2;
    int ptr;
    ptr = strcmp(s1, s2);
    cout << "比较结果:" << endl;
    if(ptr>0)
        cout<<"字符串 "<<s1<<"比字符串 "<<s2<<"大! "<<endl;
    else if (ptr < 0)
        cout<<"字符串 "<<s1<<"比字符串 "<<s2<<"小! "<<endl;
    else
        cout<<"字符串 "<<s1<<"和字符串 "<<s2<<"相等! "<<endl;
}
```

字符数组
的使用

运行结果如图 4-19 所示。

图 4-19　例 4-10 的运行结果

4.4.3　字符串处理函数

除了可以使用字符数组表示字符串以外，还可以直接使用系统提供的字符串类 string 定义字符串变量。string 类本质上就是字符数组，但它可以像基本数据类型一样进行字符串变量的定义和赋值，同时它又具有字符数组的特性，可以根据索引访问某个字符。

```cpp
string s = "abcd";
string info = s;        //直接使用 s 变量为 info 变量赋值
cout <<"info:"<< info << endl;
cout << "info 中第一个字符:" << info[0] << endl;    //输出 i
```

需要注意的是，尽管在 Visual Studio 2022 中可以直接使用 string 类，但在很多开发环境中系统默认不识别 string 类，如果要使用该类则需要引入头文件。

```cpp
#include <string>
```

字符串类 string 还提供了很多字符串处理的方法，可以大大提高字符串处理的效率。常用方法如下。

（1）length()：计算字符串长度。该方法没有参数，返回值为字符串中包含的字符个数，但不包括最后的结束字符 '\0'。

```
string s = "abcdefgabc";
cout <<"s 的长度 "<< s.length() << endl;          //输出长度 10
```

（2）substr(int pos,int n)：取子字符串。该方法有两个参数，参数 pos 表示从第几个字符开始截取，参数 n 表示截取的长度。如果参数 2 省略，则截取到字符串的最后。需要注意的是，由于字符串本质上是数组，所以第一个字符的编号从 0 开始。

```
string s = "abcdefgabc";
cout << s.substr(3) << endl;                      //输出 defgabc
cout << s.substr(3, 2) << endl;                   //输出 de
```

（3）find(string str)：在字符串中查找某个子串并返回找到的第一个子串的首字符的索引。find 从前向后查找子串的内容，一旦找到第一个子串，就停止查找，返回其首字符索引。如果要从后向前查找，返回最后一个子串的首字符索引，需要使用函数 rfind(string str)。

```
string s = "abcdefgabc";
cout << " 查找第一个子串 abc: " << s.find("abc") << endl;        //输出 0
cout << " 查找最后一个子串 abc: " << s.rfind("abc") << endl;      //输出 7
```

（4）append(string str)：字符串连接。假设有两个字符串变量 s1 和 s2，二者连接有两种方法：一种是调用 s1.append(s2)，将 s2 连接到 s1 的后面，同时使用连接后的字符串给 s1 赋值；另一种方法是直接使用连接号 "+"，即 s1+s2，连接后得到一个新的字符串，并不会修改 s1 的内容。

```
string s1 = "hello ";
string s2 = "c++";
cout << " 第一种连接方式: " << s1.append(s2) << endl;        //输出 hello c++
cout << " 连接后的 s1: " << s1 << endl;                      //输出 hello c++
s1 = "hello ";
cout << " 第二种连接方式: " << s1+s2<< endl;                 //输出 hello c++
cout << " 连接后的 s1: " << s1 << endl;                      //输出 hello
```

（5）compare(string str)：字符串的比较。字符串变量比较的规则与字符数组比较规则一样。对于两个字符串变量 s1 和 s2 来说，要比较其大小，需要使用 s1.compare(s2)。如果 s1 大于 s2，函数返回 1，如果 s1 小于 s2，函数返回 –1，如果 s1 等于 s2，函数返回 0。

```
string s = "abcd";
cout <<" 字符串的值为:"<< s << endl;
cout << " 与 bc 比较大小, 结果为: " << s.compare("bc") << endl;      //输出 -1
cout << " 与 abc 比较大小, 结果为: " << s.compare("abc") << endl;   //输出 1
cout << " 与 abcd 比较大小, 结果为: " << s.compare("abcd") << endl;//输出 0
```

例 4-11　输入一个字符串，判断其是不是回文。所谓回文，是指这个字符串和它的逆序相等。

```
include <iostream>
using namespace std;
bool isHuiWen(string s);        //判断 s 是否为回文
string reverse(string s);        //求 s 的逆序
```

```
int main()
{
    string s;
    cout << "请输入字符串的值："  << endl;
    cin >> s;
    if(isHuiWen(s))
        cout << "yes" << endl;
    else
        cout << "no" << endl;
}
//求逆序
string reverse(string s)
{
    string result = s;
    int n = s.length();
    for(int i = s.length() - 1; i>= 0; i--)
    {
        result[n-1-i]=s[i];
    }
    return result;
}
//判断回文
bool isHuiWen(string s)
{
    string result=reverse(s);
    if(s==result)
        return true;
    else
        return false;
}
```

回文判断的运行效果如图 4-20 所示。

图 4-20　例 4-11 的运行结果

4.5　任务 2 实现

任务序号是 T4-2，任务名称是"学生信息的管理"。

1. 需求分析

通讯录能够实现信息的输入 / 输出还远远不够。在使用过程中，应用最多的操作往往是数据的查询，即根据姓名查询对应的全部信息。另外，随着时间的推移，有些数据还需要进行更改和删除，因此，在当前通讯录功能的基础上，进一步扩充数据查询、修改和删除的功能模块。完成任务 T4-2 后，系统对应的功能模块图如图 4-21 所示。

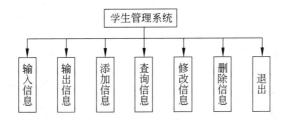

图 4-21 系统功能模块图

2. 流程设计

查询信息、修改信息和删除信息在实现流程上有一定的相似之处。均是要求用户先输入姓名，然后根据姓名去结构体数组中查找匹配的记录，找到后进行信息的显示或修改。如果找不到对应的信息，则应给出相应的信息提示。

（1）查询信息功能。查询信息对应的流程图如图 4-22 所示。

查询信息
流程执行
过程

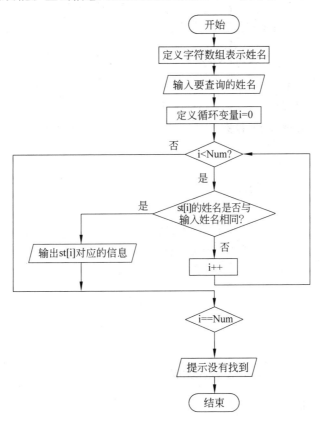

图 4-22 查询信息流程图

（2）修改信息功能。修改信息对应的流程图如图 4-23 所示。

（3）删除信息功能。删除信息对应的流程图如图 4-24 所示。

删除信息
流程执行
过程

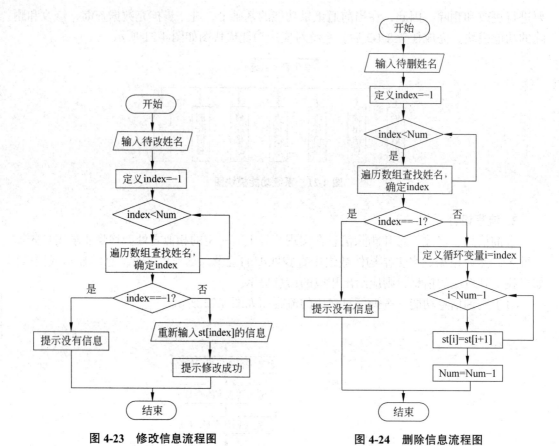

图 4-23 修改信息流程图   图 4-24 删除信息流程图

3. 代码编写

（1）主函数及新增的函数原型。

```
...
void queryStu();    //查询通讯录信息
void updateStu();   //修改通讯录信息
void delStu();      //删除通讯录信息
int main()
{
    int sel;
    while(1)
    {
        showMenu();
        cout << "请输入对应的操作编号：";
        cin >> sel;
        switch(sel)
        {
        case 1:inStu();break;
        case 2:outStu();break;
        case 3:appendStu();break;
        case 4:queryStu();break;
```

```
            case 5:updateStu();break;
            case 6:delStu();break;
            case 0:
                cout << "通讯录关闭，欢迎下次使用！" << endl;
                exit(1);
            }
        }
}
void showMenu()
{
    cout << endl << endl;         //换两行
    cout << "********** 欢迎使用学生通讯录管理系统 **********" << endl;
    cout << "\t\t 输入学生 ---1" << endl;
    cout << "\t\t 输出学生 ---2" << endl;
    cout << "\t\t 追加记录 ---3" << endl;
    cout << "\t\t 查询学生 ---4" << endl;
    cout << "\t\t 修改记录 ---5" << endl;
    cout << "\t\t 删除记录 ---6" << endl;
    cout << "\t\t 退出系统 ---0" << endl;
    cout << endl;                  //换一行
```

（2）查询信息的实现。

```
//根据姓名查询
void queryStu()
{
    char keyName[20];
    cout << "请输入要查询的姓名:";
    cin >> keyName;
    cout << "查询结果:"<<endl;
    int i;
    for(i=0; i<Num; i++)
    {
        if(strcmp(st[i].Name, keyName)==0)
        {
            cout << "姓名:" << st[i].Name << "\t" << "年龄:" << st[i].
            Age << endl;
            cout << "性别:" << st[i].Sex << "\t" << "电话:" << st[i].
            Tel << endl;
            cout << "地址:" << st[i].Address << endl;
            cout << "工作单位:" << st[i].Workunit << endl;
            cout << "班委:" << st[i].Committee << "\t" << "宿舍:" <<
            st[i].Dorm << endl;
            break;
        }
    }
    if(i==Num)
        cout << "没有查询到相关信息！" << endl;
}
```

（3）修改信息的实现。

```cpp
//根据姓名修改学生
void updateStu()
{
    char keyName[20];
    int index=-1;
    cout << "请输入要修改信息的同学姓名 :";
    cin >> keyName;
    for (int i=0; i<Num; i++)
    {
        if(strcmp(st[i].Name, keyName)==0)
        {
            index=i;
            break;
        }
    }
    if(index==-1)
        cout << "没有查询到相关信息！" << endl;
    else
    {
        cout << "请重新输入 "<<st[index].Name<<" 的信息 :" << endl;
        Student updateStu = inputOneStu();
        st[index] = updateStu;
        cout << "修改成功！ " << endl;
        cout << "修改后的信息为: " << endl;
        outputStuByIndex(index);
    }
}
```

（4）删除信息的实现。

```cpp
//根据姓名删除学生
void delStu()
{
    char keyName[20];
    int index = -1;
    cout << "请输入要删除的同学的名字: ";
    cin >> keyName;
    for(int i=0; i<Num; i++)
    {
        if(strcmp(st[i].Name, keyName)==0)
        {
            index=i;
            break;
        }
    }
    if(index==-1)
        cout << "没有要删除的信息！" << endl;
    else
    {
```

```
    for(int i=index; i<Num - 1; i++)
    {
        st[i]=st[i+1];
    }
    Num-=1;
    cout << keyName << "的信息已被删除！" << endl;
    }
}
```

4. 运行并测试

运行程序，在任务 T4-1 的基础上，主菜单增加了查询、修改、删除等三项功能。需要注意的是，由于程序每次启动都重新建立数组，所以上次运行数组的内容并不会保存。这就需要在主菜单中先输入通讯录数据，然后进行三项功能的测试。

输入数据后，通讯录的内容如图 4-25 所示。依次选择不同的功能编号，测试程序运行效果。

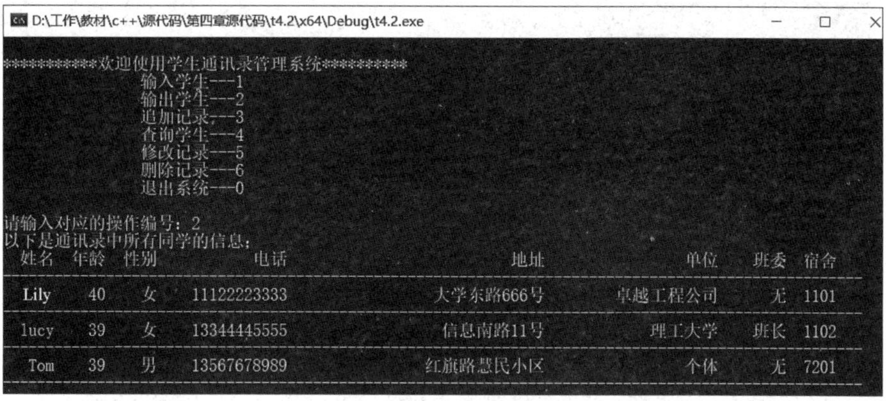

图 4-25   录入通讯录内容

（1）查询通讯录信息。查询通讯录信息的运行效果如图 4-26 所示。用户输入要查询的姓名 Lily，系统会遍历数组，检索出 Lily 对应的全部信息。

图 4-26   查询通讯录的效果

（2）修改通讯录信息。用户在功能菜单中选择功能编号5，录入待修改人的姓名Lily，根据系统提示重新录入该联系人的信息，系统会将新的信息保存到数组中，并提示修改成功，输出修改后的信息。运行效果如图4-27所示。

图4-27　修改信息的效果

（3）删除通信录数据。在系统菜单中选择功能编号6，输入要删除联系人的姓名Lily，系统会在数组中删除该项记录并进行提示。对应的运行效果如图4-28所示。

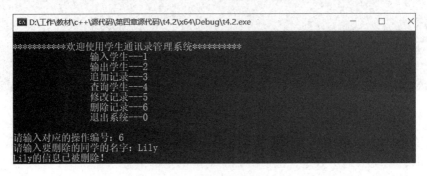

图4-28　删除信息的效果

小记录：

你在程序生成过程中发现_____个错误，错误内容如下。

_____

_____

_____

_____

大发现：

_____

_____

4.6   任务 3 相关知识

在 C++ 语言中，输入 / 输出操作由 I/O 类库提供。流是一个从源端到目标端的抽象概念，负责在数据的生产者和数据的消费者之间建立联系，并管理数据的流动。C++ 的流是指由若干字节组成的字节序列中的数据顺序从一个对象传递到另一个对象。从源端输入字节称为"提取"，对应写操作，而输出字节到目标端称为"插入"，对应读操作。

在 C++ 中，输入 / 输出流被定义为类，称为流类。流类统一放在 I/O 库中，包括标准输入 / 输出流和文件输入 / 输出流。流类中常用类的继承层次关系，如图 4-29 所示。

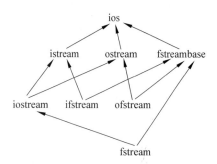

图 4-29   常用流类继承层次关系

4.6.1   标准输入 / 输出流

C++ 编译系统使用 iostream 类作为标准输入 / 输出流。标准流提供用户常用外部设备与内存之间的通信通道，对数据进行解释和传输，并进行必要数据的缓冲。

C++ 中定义了 4 个标准流对象：cin、cout、cerr 和 clog。

1. cin

（1）istream 类的对象，它从标准输入设备 (键盘) 获取数据并写入变量。

（2）程序中的变量通过流提取符 ">>" 从流中提取数据。

（3）流提取符从输入流中提取数据，遇到流中的空格、Tab 键、换行符等空白字符时停止提取。

2. cout

（1）cout 是 console output 的缩写，意为"在控制台（显示器）输出"。

（2）程序中的变量通过流提取符 "<<" 从流中提取数据。

（3）cout 流在内存中开辟一个缓冲区，用来存放流中的数据。

3. cerr

cerr 是无缓冲标准错误输出流，cerr 是 console error 的缩写，意为"在控制台（显示器）显示出错信息"。

cerr 与 cout 的区别如下。

（1）cerr 不能重定向，只能输出到显示器。

（2）cerr 不能被缓冲，直接输出到显示器。

4. clog

clog 是缓冲标准错误输出流，是 console log 的缩写，意为"在控制台（显示器）显示日志信息"。

clog 与 cerr 区别如下。

（1）clog 能被缓冲，clog 中的信息存放在缓冲区中，缓冲区满后或遇 endl 时向显示器输出。

（2）cerr 是不经过缓冲区，直接向显示器上输出有关信息。

例 4-12　求两个数的除法，如果除数为 0，提示出错。

```cpp
#include <iostream>
using namespace std;
int main()
{
    int x, y;
    cout << "please input x,y:";
    cin >> x >> y;
    if (y == 0)
        cerr << "除数为零，出错!" << endl;
    //将出错信息插入 cerr, 屏幕输出
    else
        cout << x / y << endl;
}
```

当 x=12，y=3 时，运行结果如图 4-30 所示。

当 x=12，y=0 时，运行结果如图 4-31 所示。

图 4-30　例 4-12 正常运算时的运行结果

图 4-31　例 4-12 运算出错时的运行结果

4.6.2　文件输入 / 输出流

在 C++ 语言中，文件被看成字符序列，即文件是由一个个的字符数据顺序组成的，是一个字符流。要对文件进行输入 / 输出操作，必须首先创建一个流，然后将这个流与文件相关联即可。文件操作完成后，再关闭这个流。

文件流的输入是指数据从磁盘文件流向内存，也就是读文件操作；它的输出是指数据从内存流向磁盘，即将数据写入文件中。

文件流包含三个流类，分别是输入文件流类 ifstream、输出文件流类 ofstream 和输入 / 输出文件流类 fstream，其功能如表 4-2 所示。

表 4-2　文件流类

流　类　名	功　　能
ifstream	用于文件的输入
ofstream	用于文件的输出
fstream	用于文件的输入与输出

这三个流类全部位于头文件 fstream.h 中，所以实现文件读写操作，需要先引入头文件 fstream。

1. 打开文件

打开文件应先定义一个流类的对象，然后使用 open() 函数打开文件。open() 函数是上述三个流类的成员函数，其原型定义在 fstream.h 中。函数原型如下：

```
void open(const unsigned char*,int mode, int access=filebuf::openprot);
```

其中，第一个参数用来传递文件名，第二个参数指定文件的打开方式。文件的打开方式定义在抽象类中，如表 4-3 所示。

表 4-3　文件打开方式

方　　式	含　　义
ios::in	打开一个文件进行读操作
ios::out	打开一个文件进行写操作
ios::app	使输出追加到文件尾部
ios::ate	文件打开时，文件指针位于文件尾
ios::trunc	如果文件存在，则清除该文件的内容，文件长度压缩为 0
ios::binary	以二进制方式打开文件（默认是文本字节流方式）

打开文件有以下两种方法。

（1）先建立流对象，然后调用 open() 函数连接外部文件。

```
流类 对象名 ;
对象名 .open （文件名 , 打开方式）;
```

（2）调用流类带参数的构造函数，建立流对象的同时连接外部文件。

```
流类 对象名 （文件名 , 打开方式）;
```

例 4-13　打开 D 盘下的文件 txl.txt。

（1）打开一个已有文件 txl.txt，准备读：

```
ifstream infile;                         //建立输入文件流对象
infile.open("D:\\txl.txt",ios::in);      //连接文件, 指定打开方式
```

（2）打开（创建）一个文件 txl.txt，准备写：

```
ofstream outfile;                        //建立输出文件流对象
outfile.open("D:\\ txl.txt",ios::out );  //连接文件, 指定打开方式
```

（3）打开一个文件 txl.txt，进行读 / 写操作：

```
fstream rwfile;
rwfile.open("D:\\ txl.txt",ios::in|ios::out);
```

小结

（1）打开一个输入文件流，需要定义类型为 ifstream 的对象。
（2）打开一个输出文件流，需要定义类型为 ofstream 的对象。
（3）要建立输入和输出的文件流，必须定义类型为 fstream 的对象。
（4）可以用或运算符"|"连接多个打开方式。

2．关闭文件

使用完一个文件后，应该关闭对应的文件流。close() 函数的作用是关闭文件流，它是流类的成员函数，不带参数，没有返回值。

调用 close() 函数的格式如下。

流对象名 .close();

例如，关闭例 4-13 中（1）的文件的代码如下。

```
infile.close();        //关闭文件流 infile
```

（1）所以文件流使用完后均应及时关闭。
（2）close() 函数一次只能关闭一个文件流。

3．ofstream

ofstream 类用于执行文件的输出操作，使用的一般过程如下。

（1）打开文件：创建 ofstream 流类的对象，建立流对象与指定文件的关联。

（2）将数据写入文件：使用 ofstream 的"<<"操作符向文件中输出内容，也就是将数据写入文件。

（3）关闭文件：使用 close() 方法关闭流。

例 4-14　向 D 盘文件 my1.txt 中输出数据。

程序源代码如下：

```
#include <iostream>
#include <fstream>
using namespace std;
int main()
{
    ofstream  ost;                      //创建输出流对象
    ost.open("D:\\my1.txt ",ios::out);  //建立文件关联
    ost << 12 << endl;                  //将数据输出到文件中
    ost << 30 << endl;
    ost.close();                        //关闭文件
}
```

运行结果如图 4-32 所示。

图 4-32　my1.txt 文件中的内容

写文件流
的使用

对于文件流对象，除了可以使用运算符"<<"进行写入外，还可以使用输入/输出流的一些成员函数进行读写操作，这些函数包括 get( )、put( )、read( )、write( ) 等。

4. ifstream

ifstream 类用于执行文件的输入操作，使用的一般过程如下。

（1）打开文件：创建 ifstream 流类的对象，建立流对象与指定文件的关联。

（2）从文件读入：用 ifstream 的">>"运算符或其他的输入函数读文件中的数据。

（3）关闭文件：用 ifstream 的成员函数 close() 关闭流对象，取消流对象与文件的关联。

一般在进行输入操作前要判断文件是否正确打开。方法如下：

```
if(!in_file)        //或 if(in_file.fail())
{
    ...             // 处理打开失败
}
```

例 4-15　将例 4-14 存入 D 盘的文件 my1.txt 中的数据读取并显示。

程序源代码如下：

```
#include <iostream>
#include <fstream>
using namespace std;
int main()
{
    ifstream  ist("d:\\my1.txt", ios::in);  //创建输入流对象并建立关联
    if(!ist)                                 //或 if(ist.fail())
    {
        cerr << "打开文件失败! \n";           //处理打开失败
    }
    int  x, y;
    ist >> x >> y;                           //从文件流提取数据
    cout << "x " << "\t" << "y " << endl;
    cout << x << "\t" << y << endl;          //向显示器输出数据
    ist.close();
}
```

运行结果如图 4-33 所示。

图 4-33　例 4-15 的运行结果

读文件流
的使用

5. fstream

如果想要同时执行文件的读/写操作，则需要分别创建 ifstream 类和 ofstream 类的实例，然后使用它们进行文件的输入/输出操作。这样会很麻烦，于是 C++ 提供了 fstream 类，既可读文件又可写文件。

fstream 类用于对某个文件同时执行读/写操作，使用的一般过程如下。

（1）打开文件：创建 fstream 流类的对象，建立流对象与指定文件的关联。

（2）文件读/写：使用 fstream 的 "<<" 和 ">>" 或其他的输入/输出函数读/写文件中的数据。

（3）关闭文件：用 fstream 的成员函数 close() 关闭流对象，取消流对象与文件的关联。

例 4-16 定义一个学生结构体，每次输入两个人的信息，将信息保存到文件中，再从文件中读取全部数据到结构体数组 st2 中。

程序源代码如下：

```
#include <iostream>
#include <fstream>
using namespace std;
struct Student              //结构体的定义也可以写在 stdafx.h 文件中
{
    char name[20];
    int age;
};
Student st1[2],st2[10];
int main()
{
    fstream f;
    int i;
    cout << "请输入 " << 2 << "个人的姓名和年龄: " << endl;
    //通过键盘输入
    for(i=0; i<2; i++)
        cin >> st1[i].name >> st1[i].age;
    f.open("D:\\1.txt", ios::out | ios::app);
    //将数组中数据输出到文件
    for (i = 0; i < 2; i++)
        f << st1[i].name << "\t" << st1[i].age ;
    f.close();
    f.open("D:\\1.txt");
    //将文件中的数据输入到数组 st2
    i = 0;
    while (!f.eof())
    {
        f >> st2[i].name;
        f >> st2[i].age;
        cout << st2[i].name << "\t" << st2[i].age << endl;
        i++;
    }
    f.close();
}
```

第一次运行时，用户输入两个人的信息并保存到文件中，效果如图 4-34 所示。

此时在 D 盘下会发现多了一个 1.txt 文件。打开文件，文件内容如图 4-35 所示。

图 4-34　例 4-16 的第一次运行结果

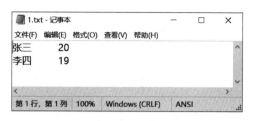

图 4-35　1.txt 文件中的内容

第二次运行程序，重新输入两个人的信息，信息再次被保存到文件中，如图 4-36 所示。

这时 D 盘中的 1.txt 文件内容发生了变化，如图 4-37 所示，文件中共有四条数据，所以数组 st2 中也有四条数据。

图 4-36　例 4-16 的第二次运行结果

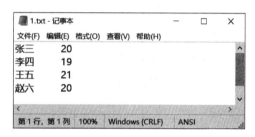

图 4-37　例 4-16 的最终运行结果

4.7　任务 3 实现

任务序号是 T4-3，任务名称是"用户信息的保存与读取"。

1. 需求分析

如果只是将通讯录的内容保存到数组中，那么程序关闭时，通讯录的数据就丢失了，重新启动程序需要再次输入，导致通讯录的实用性极差。为此，在任务 T4-2 的基础上增加导入数据和导出数据模块。用户退出程序前，可以选择导出功能，将数组的内容记录到文件中，从而实现数据的永久保存，不会随着程序的关闭而消失。再次进入程序后，先通过导入功能将文件中的数据读取到数组中，然后进行增删改查的管理操作。

2. 流程设计

（1）导出数据功能。导出数据需要遍历数组，将数组中的信息逐条写入文件中。对应的流程图如图 4-38 所示。

导出数据
流程执行
过程

（2）导入数据功能。导入数据是将文件中的信息读入数组中，即遍历文件，逐行读入信息并赋给相应的结构体成员，读完一行代表一个数组元素赋值结束，再进入下一行的读取。对应的流程图如图 4-39 所示。

导入数据
流程执行
过程

3. 代码编写

（1）在主函数中增加导入数据和导出数据的功能选择。

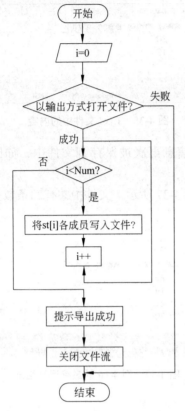

图 4-38　导出数据流程图

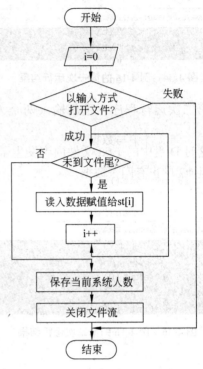

图 4-39　导入数据流程图

```
...
fstream ftxl;          //定义文件流对象
int main()
{
    int sel;
    while(1)
    {
        showMenu();
        cout << "请输入对应的操作编号：";
        cin >> sel;
        switch(sel)
        {
        ...
        case 7:finput(); break;
        case 8:foutput(); break;
        case 0:
            cout << "通讯录关闭，欢迎下次使用！" << endl;
            exit(1);
        }
    }
```

```
}
void showMenu()
{
...
    cout << "\t\t 导入数据 ---7" << endl;
    cout << "\t\t 导出数据 ---8" << endl;
    cout << "\t\t 退出系统 ---0" << endl;
    cout << endl;                    // 换一行

}
```

（2）向文件中写数据（导出数据）。

```
//将数组内容保存到文件中
void foutput()
{
    ftxl.open("d:\\txl.txt", ios::out);
    if(ftxl.fail())
    {
        cout << " 输出文件失败！ " << endl;
        exit(0);
    }
    for(int i=0; i<Num; i++)
    {
        ftxl << st[i].Name << "\t";
        ftxl << st[i].Age << "\t";
        ftxl << st[i].Sex << "\t";
        ftxl << st[i].Tel << "\t";
        ftxl << st[i].Address << "\t";
        ftxl << st[i].Workunit << "\t";
        ftxl << st[i].Committee << "\t";
        ftxl << st[i].Dorm << endl;
    }
    ftxl.close();
    ftxl.clear();
    cout << " 导出成功！共导出 "<<Num<<" 条记录！ " << endl;
}
```

（3）从文件中读数据（导入数据）。

```
//从文件中导入通讯录
void finput()
{
    int i=0;
    ftxl.open("d:\\txl.txt", ios::in);
    if(ftxl.fail())
    {
        cout << " 输入文件打开失败！ " << endl;
        exit(0);
    }
    while(!ftxl.eof())
```

```
    {
        ftxl >> st[i].Name;
        ftxl >> st[i].Age;
        ftxl >> st[i].Sex;
        ftxl >> st[i].Tel;
        ftxl >> st[i].Address;
        ftxl >> st[i].Workunit;
        ftxl >> st[i].Committee;
        ftxl >> st[i].Dorm;
        i++;
    }
    Num=i-1;
    cout << "导入成功! 共导入 " << Num << " 条记录! " << endl;
    ftxl.close();
    ftxl.clear();           //关闭文件之前调用clear()清除文件流状态
}
```

4. 运行并测试

（1）导出数据功能测试。运行程序，先选择功能菜单1，输入通讯录的数据，然后选择功能菜单8，可以将数据导出到文件 D:\\txl.txt 中，同时提示导出记录的总条数，效果如图 4-40 所示。

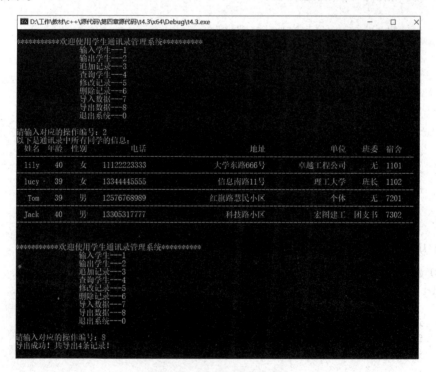

图 4-40　导出数据运行效果

打开文件 D:\\txl.txt，文件内容与输入的数据一致，如图 4-41 所示。

（2）导入数据功能测试。重新运行程序，选择功能菜单7，将文件 D:\\txl.txt 中的数

图 4-41 导出文件的内容

据先导入数组中。再选择功能菜单 2，输出数组的内容，效果如图 4-42 所示。从效果图中可以看到文件的内容全部赋值到数组中，避免了每次运行的重复输入操作。

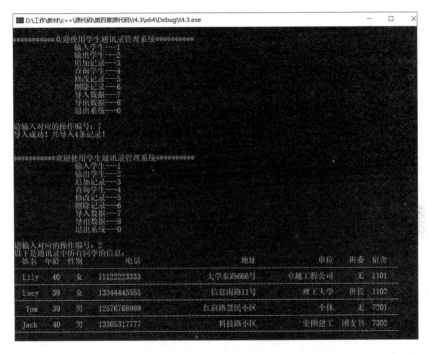

图 4-42 导入数据运行效果

小记录：
你在程序生成过程中发现＿＿＿＿＿个错误，错误内容如下。

＿＿＿

＿＿＿

＿＿＿

＿＿＿

大发现：

＿＿＿

＿＿＿

4.8 知 识 拓 展

4.8.1 二维数组

一维数组是最基本的数组，一维数组又可以作为元素构成更复杂的数组，也就是说可以声明"数组的数组"。如果一个一维数组的每个元素均又是一维数组，那这就是一个二维数组。二维数组使用两个索引号来定位数据元素，第一个索引号代表行数，第二个索引号代表列数。

二维数组可用于存储矩阵或二维表格的数据，其中每个数据元素具有相同的数据类型。

1. 二维数组的定义

二维数组的定义格式如下：

数据类型　数组名 [常量表达式 1][常量表达式 2]；

（1）其中的数据类型可以为整型、实型、字符型、布尔型、结构体类型等数据类型。

（2）常量表达式称为下标表达式，必须为整常数，常量表达式 1 表示第一维的下标个数，常量表达式 2 表示第二维的下标个数。

（3）常量表达式 1 也可以看成数组中包含的元素的行数，常量表达式 2 对应数组中包含的元素的列数，二者均从 0 开始编号。

例如，有如下定义：

```
int a[3][3];
```

表示 a 为整型二维数组，有 3×3 个元素，每个元素访问方式如下。

第一行：a[0][0]，a[0][1]，a[0][2]

第二行：a[1][0]，a[1][1]，a[1][2]

第三行：a[2][0]，a[2][1]，a[2][2]

该二维数组 a 在内存中的存放顺序如图 4-43 所示。

从逻辑上来说，二维数组像一个方阵。但在内存中，要把其排成一个"方阵"，这是不可能的。内存地址是固定的线性结构，所以二维数组在内存中也是按线性结构存储的。二维数组在内存中以行优先的方式按照一维关系顺序存放。即先存放第一行所有元素，然后顺次存放第二行所有元素，并以此类推。

因此可以这样理解，二维数组本质上也是一维数组，只不过其每个数组元素均包含多个数据，又是一个数组，如图 4-44 所示。

二维数组的数组名 a 代表该数组第一行 a[0] 的地址。

2. 二维数组的访问

访问二维数组元素的形式如下：

图 4-43　二维数组在内存中的存放顺序

```
a  ┌ a[0] ───────→ a[0][0] a[0][1] a[0][2]
   │
   └ a[1] ───────→ a[1][0] a[1][1] a[1][2]
```

图 4-44　二维数组是特殊的一维数组

数组名 [下标 1] [下标 2]

例如：

```
int num [2][3];  //声明二维数组
num[1][2]=3;         //将 3 存入数组 num 的第 2 行第 3 列
```

说明

若数组是由 m 行 n 列组成，下标 1 的取值范围是大于或等于 0 并且小于 m，下标 2 的取值范围是大于或等于 0 并且小于 n。

例 4-17　输入一个二维数组并输出。

```
#include <iostream>
using namespace std;
int main()
{
    int num[3][4];
    int i, j;
    cout << "请输入 12 个数: " << endl;
    for(i=0; i<3; i++)
        for(j=0; j<4; j++)
        cin >> num[i][j];
    for(i=0; i<3; i++)
    {
        for(j=0; j<4; j++)
            cout << "num[" << i << "][" << j << "]=" << num[i][j] <<
            "\t";
        cout << endl;
    }
}
```

运行结果如图 4-45 所示。

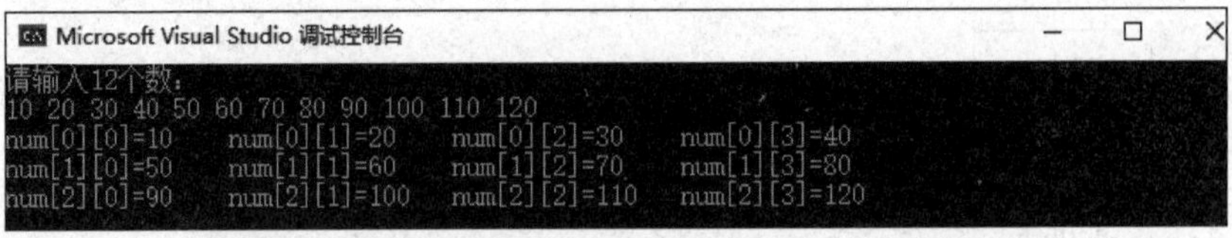

图 4-45　例 4-17 的运行结果

由于二维数组需要两个下标来定位元素，所以二维数组的遍历需使用嵌套的循环，其中外层循环控制行数，内层循环控制列数。

3. 二维数组的初始化

二维数组的初始化类似于一维数组，需要将所有的值放在一对大括号中给出，多个值之间用逗号隔开。也可以在外层大括号内嵌套多个大括号，每个大括号中存放一行的初始值。应说明的是，如果列出全部元素的初值，那第一维的下标个数可以不用显式说明。

例如：

```
int a[2][3]={0,1,2,3,4,5};
int a[ ][3]={0,1,2,3,4,5};
int a[2][3]={{0,1,2},{3,4,5}};
```

以上三种初始化方式是等价的，初始化后结果如下：

```
a[0][0]=0, a[0][1]=1, a[0][2]=2
a[1][0]=3, a[1][1]=4, a[1][2]=5
```

使用二维数组可以解决很多实际问题，尤其是矩阵相关的问题。

例 4-18　计算二维数组各列之和。

```cpp
#include <iostream>
using namespace std;
int main()
{
    int num[3][4], i, j, s;
    for (i = 0; i < 3; i++)
    {
        cout << "第" << i << "行的 4 个数:" << endl;
        for (j = 0; j < 4; j++)
            cin >> num[i][j];
    }
    for (i = 0; i < 4; i++)
    {
        s = 0;
        for (j = 0; j < 3; j++)
            s += num[j][i];
        cout << "第" << i << "列之和:" << s << endl;
    }
}
```

例 4-18 的运行结果如图 4-46 所示。

```
第0行的4个数:
1 2 3 4
第1行的4个数:
5 6 7 8
第2行的4个数:
9 10 11 12
第0列之和: 15
第1列之和: 18
第2列之和: 21
第3列之和: 24
```

图 4-46 例 4-18 的运行结果

可以尝试修改上面的程序,计算二维数组各行元素之和。

例 4-19 输入一个 3×4 的矩阵,编程求出最大值,以及最大值所在的行标和列标。

```cpp
#include <iostream>
using namespace std;
int main()
{
    int a[3][4];
    int max, row, colum, i, j;
    for (i = 0; i <= 2; i++)
    {
        cout << "请输入" << i << "行上的 4 个数:" << endl;
        for(j = 0; j <= 3; j++)
            cin >> a[i][j];
    }
    max = a[0][0];
    for (i = 0; i <= 2; i++)
        for (j = 0; j <= 3; j++)
            if (a[i][j] > max)      //如果这个数大于 max
            {
                max = a[i][j];      //将该数赋给 max
                row = i;            //记录该数的行标 i
                colum = j;          //记录该数的列标 j
            }
    cout << "最大数:" << max << endl;
    cout << "该数所在行标:" << row << endl;
    cout << "该数所在列标:" << colum << endl;
}
```

例 4-19 的运行结果如图 4-47 所示。

图 4-47 例 4-19 的运行结果

4.8.2 共用体

1. 共用体的概念

程序有时需要将几种不同类型的变量存放到同一段内存单元中，例如，把一个整型变量、一个字符型变量、一个实型变量放在一个起始地址相同的内存单元中。虽然这几个变量占有不同的字节数，但都从同一地址开始存放，它们的值可以相互覆盖。这可以使用共用体类型 union 实现。所谓共用体，就是几个不同类型的变量共占一段内存的结构。

2. 共用体类型的定义

共用体类型的定义方式和结构体定义相似。所不同的是，结构体变量中的成员各自占有自己的存储空间，而共用体变量中的所有成员占有共同的存储空间。

定义共用体的一般格式如下：

```
union   共用体类型名
{
     类型标识符 1   成员名 1；
          …
     类型标识符 n   成员名 n；
};
```

（1）结构体变量所占的内存长度等于各成员所占的内存长度之和（每个成员分别占有自己的内存）。

（2）共用体变量所占的内存长度等于最长的成员的长度（全部成员共同占用一段内存）。

例如，将共用体定义如下：

```
union U_type
{
    char ch;     //字符型变量，1 个字节
    int i;       //整型变量，4 个字节
};
```

以上说明了一个共用体类型 U_type 既可以表示 char 型数据，也可以表示整型数据，其存储结构，如图 4-48 所示。

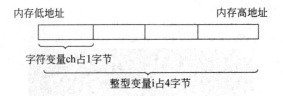

图 4-48 共用体 U_type 变量的存储结构示意图

3. 共用体变量的使用

访问共用体变量中的成员的方法与结构体相同，其一般格式如下：

共用体变量名 . 成员名

（1）可以像使用一般变量一样使用共同体成员。

（2）对共用体某一成员赋值，会覆盖其他成员原来的数据，原来成员的值就不存在了，因此，共用体变量中起作用的是最后一次存入的成员变量的值。

例如，若有定义语句：

```
union U_type
{
    char ch;
    int i;
}v1;

int main()
{
    v1.ch = 'a';
    cout << v1.i << endl;          //输出 97
    cout << v1.ch << endl;         //输出 a
    v1.i = 12;
    cout << v1.i << endl;          //输出 12
    cout << v1.ch << endl;         //输出乱码
}
```

则前三句 cout 可以正常输出，但最后一句输出 v1.ch 的值输出的是乱码，因为此时 v1.a 已经被 v1.ch 覆盖了，共用体的成员不可能同时起作用。

（1）对于共用体来说，同一内存段可以用来存放几种不同类型的成员，但在每一时刻只能存放其中一种，而不是同时存放几种；也就是说，每一时刻共用体中只有一个成员起作用，其他的成员不起作用。

（2）共用体变量中起作用的成员是最后一次存放的成员，在存入一个新的成员后原有的成员就失去作用。

（3）共用体作为一种数据类型，可以像其他数据类型一样使用。例如，可以将结构体变量的某一成员定义为共用体类型，也可以定义共用体数组。

例 4-20 共用体变量的访问。

```
#include <iostream>
using namespace std;
union U_type
{
    char ch;
    int i;
};
int main()
{
    U_type u1;
```

```
        u1.ch = 'A';
        cout << u1.ch << endl;
        u1.i = 1;
        cout << u1.i << endl;
}
```

运行结果如图 4-49 所示。

图 4-49　例 4-20 的运行结果

4.9　项 目 完 善

用户定制的学生通讯录管理系统的开发已基本完成，系统可以按照用户的需求实现数据的输入 / 输出、增删改查、导入 / 导出等功能。当前系统功能模块清晰且运行稳定，但还可以从更多的方面进一步丰富系统的功能。例如：

（1）增加分类查询功能：可以分别按照年龄、宿舍、性别、是否班委等字段显示对应的通讯录列表，方便用户分类查询。

（2）增加数据统计功能：系统可以统计通讯录记录总数，还可以分别按照宿舍、性别、年龄等字段统计人数，显示数据分析结果。

（3）将结构体中的年龄字段改为生日字段：由于年龄是逐年变化的，所以改成出生日期就可以避免经常修改的问题。因此，结构体中可以增加出生日期成员，并根据该日期自动计算年龄。

（4）丰富结构体类型的成员：可以进一步增加结构体成员，如记录每个学生的所在城市、职务、大事记等，从而扩充通讯录的信息量……

4.10　你 知 道 吗

1. 版本控制工具

学生通讯录管理系统对应的函数模块多，代码量大，后续还有很多功能可以拓展，所以代码不是能一次性全部写完的。在实际的软件开发过程中，所有软件系统的工作量都比之还大，往往需要一个团队经过一段时期的编写才能完成。这种情况下，版本控制工具便应运而生，为程序员并行开发代码以及代码的管理提供了极大的方便。

（1）版本控制工具的作用。版本控制工具提供完备的版本管理功能，用于存储、追踪目录和文件的修改历史，是软件开发者的必备工具，是软件公司的基础设施，其主要功能如下。

① 代码协作开发。软件开发往往是多人协同作业，版本控制实现开发过程中的分工和并行。空间上统一管理，时间上全程记录。当多个人要修改同一个文件时，版本控制可以有效地解决版本的同步以及不同开发者之间的代码冲突问题，提高协同开发的效率。

② 版本管理。软件产品开发周期长，参与人员多，容易造成代码的覆盖和遗失。版本控制工具可以标识开发过程中的每个版本，并允许用户随时进行版本的回滚，恢复到某个特定的版本。

③ 权限控制。为团队开发人员进行不同的权限分配，可以阻止未经授权的更改和查看，从而保证开发过程的安全性。

（2）常用的版本控制工具。常用的版本控制工具有很多，如 CVS、SVN、VSS、Git 等。其中，前三种为集中式版本控制工具，即不同客户端直接与服务器交互工作，但客户端之间是相互独立的；而 Git 为分布式版本控制工具，即每个客户端也同时是一个服务器，用户可以在自己的本地建立仓库，用来进行版本管理。当多个客户端需要交互的时候，才需要用到远程服务器。

（3）Git 和 GitHub。Git 是当前最主流的版本控制工具，而 GitHub 是一个面向开源及私有软件项目的托管平台，在这里人们可以互相分享和讨论彼此的开源项目。但 Github 只支持 Git 作为唯一的版本库格式进行托管，故名 GitHub。也就是说，GitHub 相当于一个 Git 的远程服务器，用户可以通过 GitHub 首页注册一个账号，然后将自己的代码上传到 Github 的远程库上进行保存和版本管理。

2. 云计算与大数据

（1）云计算与大数据的概念。云计算和大数据技术是现代信息技术领域中非常重要的两个概念。云计算（cloud computing）是一种基于互联网的计算方式，通过网络将计算资源、软件应用和数据存储等服务提供给用户，使用户可以随时随地访问这些服务。云计算的核心特点是按需分配、弹性伸缩和高度可扩展性。它可以帮助企业降低 IT 成本、提高效率和灵活性，同时也可以为用户提供更好的体验和服务。

大数据技术（big data technology）是指处理和分析大规模数据的技术和方法。随着互联网和物联网的发展，我们生产和生活中产生的数据量越来越大，如何有效地处理和利用这些数据成为一项重要的任务。大数据技术可以通过数据挖掘、机器学习、人工智能等手段来发现数据中的规律和价值，从而为企业提供更好的决策支持和服务。

云计算和大数据技术有很多相似之处，它们都是基于互联网的计算方式，都需要大量的计算资源和存储空间，都可以实现分布式处理和高可用性。同时，它们也有很多不同之处，比如云计算更注重服务的交付和使用，而大数据技术更注重数据的处理和分析。在实际应用中，云计算和大数据技术经常会结合使用，以实现更加高效和智能的服务。

（2）云计算和大数据技术都需要的程序设计基础。

① 编程语言：云计算和大数据技术都需要使用编程语言进行开发。常用的编程语言包括 Java、Python、Scala 等。这些编程语言都有丰富的库和框架支持，可以帮助开发者更快速地构建应用程序。

② 数据结构与算法：云计算和大数据技术需要处理大量的数据，因此需要使用高效的数据结构和算法来提高程序的性能。例如，排序算法、搜索算法、哈希表等都是常用的数据结构和算法。

③ 数据库：云计算和大数据技术都需要使用数据库来存储和管理数据。常用的数据库包括 MySQL、Oracle、MongoDB 等。这些数据库都有自己的特点和优缺点，需要根据具体的需求选择合适的数据库。

④ Web 开发技术：云计算和大数据技术通常会涉及 Web 应用程序的开发。常用的 Web 开发技术包括 HTML、CSS、JavaScript、React、Vue 等。这些技术可以帮助开发者构建交互式的 Web 应用程序。

⑤ 分布式系统：云计算和大数据技术都是基于分布式系统的技术。因此，需要掌握分布式系统的基本原理和技术，例如分布式计算、分布式存储、分布式通信等。

总之，云计算和大数据技术都需要用到一些程序设计基础，这些基础知识对于开发者来说是非常重要的。

想一想

1. 若有如下定义，下列说法错误的是（   ）。

```
struct em {
    char a;
    char b;
};
```

A. struct 是结构体类型关键字　　　　　　B. em 是结构体类型名

C. em 是用户声明的结构体变量　　　　　　D. a、b 是结构体成员名

2. 拥有相同数据类型的线性数据序列被称为（   ）。

A. 数组　　　　　　B. 变量　　　　　　C. 常量　　　　　　D. 数据集

3. 在 int array[5]={1,3,5,7,9} 中，数组元素 array[2] 的值是（   ）。

A. 1　　　　　　B. 3　　　　　　C. 5　　　　　　D. 7

4. 在 int array[][3]={{1,3,5},{2,4,6},{7,8,9}} 中，array[2][2] 的值是（   ）。

A. 1　　　　　　B. 6　　　　　　C. 7　　　　　　D. 9

5. 下列对字符数组进行初始化的语句中，（   ）是正确的。

A. char str[]="abcd"　　　　　　B. char str[3]="abc"

C. char str[]=123　　　　　　D. char str[]='x'

6. 字符串结束符为（   ）。

A. 空格　　　　　　B. 0　　　　　　C. end　　　　　　D. '\0'

7. 下列关于二维数组的描述中，（   ）是正确的。

A. 二维数组必须指定第一维的大小，但可以省略第二维的大小

B. 二维数组可以省略第一维的大小，但必须指定第二维的大小

C. 二维数组的一维和二维在内存中不同连续的

D. 二维数组不能被转换为一维数组

8. 以下对二维数组 a 进行正确初始化的是（   ）。

A. int a[2][3]={ {1,2},{3,4},{5,6} };

B. int a[ ][3]={1,2,3,4,5,6 };

C. int a[2][ ]={1,2,3,4,5,6};

D. int a[2][ ]={ {1,2},{3,4}};

9. 在定义 int a[5][4]; 之后，对 a 的引用正确的是（   ）。

A. a[2][4]　　　　　　B. a[1,3]　　　　　　C. a[4][3]　　　　　　D. a[5][0]

10. 在执行语句 "int a[ ][3]={1,2,3,4,5,6};" 后，a[1][0] 的值是（　　　）。

　　A. 4　　　　　　　　B. 1　　　　　　　　C. 2　　　　　　　　D. 5

11. 下列类中，所有输入 / 输出流类的基类是（　　　）。

　　A. ostream　　　　　B. ios　　　　　　　C. fstream　　　　　D. istream

12. 下面程序的输出结果是（　　　）。

```
#include"stdafx.h"
#include <string>
int main( )
{
    char a[]="welcome",b[]="well";
    strcpy(a,b);
    cout<<a<<endl;
}
```

　　A. wellome　　　　　B. well om　　　　　C. well　　　　　　D. well we

13. 什么是数组元素？如何访问？元素的下标是从 0 开始的还是从 1 开始的？

14. 二维数组可以转换为一维数组吗？如何进行？

15. 字符数组和字符串有哪些地方相同？哪些地方不同？

16. 字符数组如何进行初始化？其以什么符号结束？

17. 结构体与共用体的区别？

18. 文件的使用有它的固定格式，思考有哪几步。

做一做

1. 随机生成一个 $n \times n$ 的矩阵，输出矩阵，并计算矩阵对角线元素之和。

2. 输出一个 10 行的杨辉三角。

3. 编写代码，先输入一个原始字符串，再输入要查找的子字符串，然后输入替换字符串，实现将原始字符串中查得的所有子字符串替换为新字符串。

4. 在情报传递过程中，为了防止情报被截获，往往需要对情报用一定的方式加密。我们给出一种最简单的加密方法，对给定的字符串，把其中从 a~y、A~Y 的字母用其后续字母替代，z 和 Z 用 a 和 A 替代，其他非字母字符不变，这样可以得到一个简单的加密字符串。请编写代码，输入一个字符串，输出该字符串对应的加密字符串。

5. 随机生成一个有十个元素的数组，然后将其中的奇偶数交叉输出，将多余的数据附在后面。例如，数组为 "10 20 31 33 30 50 46 41 45 60"，输出后为 "10 31 20 33 30 41 50 45 46 60"。

在线测试

扫描下方二维码，进行项目 4 在线测试。

项目 4 在线测试

项目 5
客户信息管理系统

知识目标：

（1）掌握指针与指针变量的概念及应用。

（2）理解指针与数组的关系。

（3）掌握指针与结构体的关系。

（4）掌握指针作为函数参数的应用。

（5）认识引用变量，了解引用变量的使用方法。

技能目标：

（1）能够应用指针变量访问内存单元。

（2）能够使用指针访问函数。

（3）能够使用指针实现地址调用。

（4）可以实现参数的引用传递。

素质目标：

（1）在程序设计岗位，要不断优化方案、算法，保证质量、提升效率。

（2）了解个人数据安全法，保护数据安全。

（3）对于工作中使用、接触的用户数据严格保密。

思政目标：

（1）培养学生的信息安全意识和防范能力，了解数据安全的重要性，强化开发人员安全保密意识。

（2）培养学生的环保意识和可持续发展观念，认识环境保护的重要性，积极参与到环保事业中。

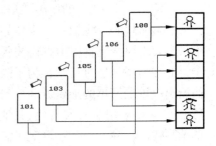

5.1 项 目 情 景

某软件开发公司为某玩具供应商开发了客户信息管理系统，该玩具供应商刚刚开始营业时客户数量较少，软件开发公司开发客户管理系统时使用固定大小的数组来管理客户信息。系统源代码主要部分展示如下，完整代码请在教材附带的资源包中获取。

```
#include <iostream>
#include <string>
#include <fstream>
using namespace std;
```

```cpp
//定义客户类型
struct Custom
{
    string Name;
    int Age;
    string Tel;
};
struct  Custom cus[100];                    //这个系统最多可以有100个客户
int Num = 0;                                //保存现有系统中实际存在的人数
fstream file;                               //公共的文件
int fNum = 0;                               //保存文件中已经存在的记录数
void Appcusu()
{
    int n, i;
    cout << "n=";
    cin >> n;
    int end = Num + n;
    for (i = Num; i < end; i++)         //循环
    {
        cout << "请输入第" << i + 1 << "客户的信息" << endl;
        cout << "姓名:";
        cin >> cus[i].Name;
        cout << "年龄:";
        cin >> cus[i].Age;
        cout << "手机:";
        cin >> cus[i].Tel;
        Num++;
    }
}
//Selcusu()完成按姓名查找
void Selcusu()                              //按姓名查询
{
    string  tmpName;                        //要查询的姓名
    int i;
    cout << "请输入要查询的姓名:";
    cin >> tmpName;
    for(i = 0; i < Num; i++)
        if(cus[i].Name== tmpName)
        {
            cout << cus[i].Name << "\t" << cus[i].Age << "\t" <<
            cus[i].Tel << endl;
            break;
        }
    if(i == Num)
        cout << "没有要查询的客户!" << endl;
}
//Delcusu()完成指定成员的删除
void Delcusu()
{
    string tmpName;                         //要查询的姓名
```

```
        int index, i;
        cout << "请输入要查询的姓名 :";
        cin >> tmpName;
        for(i = 0; i < Num; i++)
            if (cus[i].Name==tmpName)
            {
                index = i;
                break;
            }
        if (i == Num)
            cout << "没有要删除的客户 !" << endl;
        else
        {
            for (i = index; i < Num - 1; i++)
                cus[i] = cus[i + 1];
            cout << "删除成功 !" << endl;
            Num = Num - 1;
        }
    }
    //Menu() 完成操作提示界面的显示
    void Menu()
    {
        cout << endl << endl;                //换两行
        cout << "********** 欢迎使用客户管理系统 **********" << endl;
        cout << "\t\t 添加客户 ---1" << endl;
        cout << "\t\t 查询客户 ---2" << endl;
        cout << "\t\t 删除记录 ---3" << endl;
        cout << "\t\t 退出系统 ---0" << endl;
        cout << endl;                        // 换一行
    }
    //finput()完成文件中读取数据到数组
    void finput()
    {
        int n = 0;
        int i = 0;
        string temp;
        file.open("d:\\txl.txt", ios::in);   //ios::in 表示以只读的方式读取文件
        if (file.fail())                     //文件打开失败，返回 0
        {
            cout << "输入文件打开失败! " << endl;
            exit(0);
        }
        while (!file.eof())
        {
            file >> cus[i].Name;
            file >> cus[i].Age;
            file >> cus[i].Tel;
            fNum++;
            i++;
        }
```

```
    Num = fNum - 1;
    file.close();
}
//foutput()完成将数组中的数据保存到文件
void foutput()
{
    file.clear();
    file.open("d:\\txl.txt", ios::out | ios::app);
    if file.fail()
        cout << "输出文件打开失败!" << endl;
    for(int i = 0; i < Num; i++)
    {
        file << cus[i].Name << "\t" << cus[i].Age << "\t" << cus[i].Tel << endl;
        cout << cus[i].Name << "\t" << cus[i].Age << "\t" << cus[i].Tel << endl;
    }
    file.close();
}
//系统主函数
int main()
{
    int sel;
    finput();                    //先将文件中现有的数据输入到数组
    while(1)
    {
        Menu();
        cout << "请输入选择:";
        cin >> sel;
        switch (sel)
        {
        case 1:Appcusu(); break;
        case 2:Selcusu(); break;
        case 3:Delcusu(); break;
        case 0:foutput();        //退出时将数据输出到文件保存
        exit(1);
        }
    }
}
```

　　该玩具供应商经营良好,很快客户增多,原来的系统固定了最大客户数量,在当前情况下已经不能很好地管理所有客户信息,研发团队计划使用链表的方式改进当前的项目。改进后系统不限制客户最大数量,根据实际客户数量分配空间并存储客户信息。基于该项目需求分析,项目经理提出项目改进任务清单,如表 5-1 所示。

表 5-1　项目 5 任务清单

任务序号	任务名称	知识储备
T5-1	改进客户信息管理系统	• 指针的概念 • 指针变量的定义和初始化 • 指针运算 • 指针与结构体

5.2　相　关　知　识

指针是 C++ 中一种非常重要的数据类型。通过指针可直接处理内存地址，可以更好地表示复杂的数据结构，实现动态存储分配。

5.2.1　指针的概念

变量、数组、函数等在程序执行时在内存中都有地址编号，考虑到直接使用这些地址不方便，C++ 允许使用变量名、数组名 [下标]、函数名来访问，这种访问是间接地访问内存中相应的地址。这些地址也可以通过 & 变量名、数组名、函数名分别得到。

指针其实就是内存中的地址，它可能是变量的地址，也可能是函数的入口地址。如果指针存储的地址是变量的地址，称该指针为变量的指针（或变量指针）；如果指针存储的地址是函数的入口地址，称该指针为函数的指针（或函数指针）。

指针变量也是一种变量，其特殊性在于该类型变量是用来保存地址值的。

5.2.2　指针变量的定义和初始化

C++ 规定，所有变量在使用前都必须先定义，规定其类型。指针变量如同其他变量一样，在使用之前必须先定义后使用。

1. 指针变量的定义

定义指针变量格式如下：

数据类型 * 指针变量名 ;

例如：

```
int *p;
```

上述语句定义了指针变量 p（p 为指针变量名）。p 可以指向任何一个整型变量，即 p 可以保存任何一个整型变量的地址。

（1）数据类型是指针变量所指向变量的数据类型，指针变量只能指向定义时所规定类型的变量。

说明　（2）指针变量定义后，变量值不确定，使用时必须先进行赋值。

2. 指针变量的初始化

初始化的格式如下：

数据类型 * 指针变量名 =& 变量名 ;

例如：

```
int x;              //定义普通变量 x
int *p=&x;          //定义指针变量 p 并初始化
```

指针变量 p 的值是普通变量 x 的地址。这样，访问变量 x 就多了一种方法：根据指针变量 p 的值找到普通变量 x 的内存地址（相当于 &x），再从该地址取得 x 的值。

（1）引用不确定的指针变量有一定的危险性。
（2）一个指针变量只能指向同一类型的变量，这里的指针变量 p 只能指向整型变量。

例 5-1　指针变量定义及初始化应用实例。

```cpp
#include <iostream>
using namespace std;
int main()
{
    float x = 3.1415f, y = 2.0f;
    float* p = &x, * q = &y, * t;
    cout << *p << endl;
    cout << *q << endl;
    cout << *t << endl;
}
```

提示出错，如图 5-1 所示。

图 5-1　例 5-1 的运行结果

（1）指针变量 p 和 q 的值都可以正确输出。
（2）指针变量 t 的值进行输出时遇到了问题，这是由于 t 没有确定的指向而引发的，所以程序会弹出一个对话框，提示"此文件遇到问题需要关闭"。
（3）指针变量必须先赋值后使用。

指针的定义与使用

5.2.3　指针运算

1. 间接访问运算符 * 和取地址运算符 &

（1）间接访问运算符 *。运算符 * 作用于指针（地址）上，代表该指针所指向的存储单元的值，实现间接访问，因此又叫"间接访问运算符"。

运算符 * 是单目运算符，优先级别为 2 级，与其他的单目运算符具有相同的优先级和结合性（右结合性）。

例如：

```cpp
int  x=12, y,*p;      //定义变量 x、y 和指针变量 p
```

```
p=&x;      //使 p 指向 x
y=*p;      //间接引用 x，把指针 p 指向的变量 x 的值赋给 y，y 的值为 12
```

程序说明如图 5-2 所示。

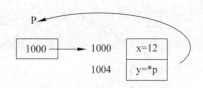

图 5-2　运算符 * 的应用

　指针变量定义时的 * 是指针变量说明的标志，可以称为"指针标识符"，而间接引用运算符 * 是用来访问指针所指向的变量。

（2）取地址运算符 &。取地址运算符 & 被用在一个变量的前面，运算结果是该变量的地址。即表示对 & 后面的变量进行取地址运算。该运算符是单目运算符，优先级别为 2 级，与其他的单目运算符具有相同的优先级和结合性（右结合性）。

例如：

```
int  x=12, *p;
p=&x;
```

指针变量 p 的作用是存放变量 x 的地址，要取得变量 x 的地址，就需要用取地址运算符 & 进行取地址运算，即取得 x 的地址后，存放到指针变量 p 中。

　间接访问运算符 * 和取地址运算符 & 是互逆的。例如，*(&x) 与 x 等价，&(*p) 与 p 等价。

2. 指针变量的运算

指针的运算实际上就是地址的运算。指针可以进行的运算有赋值运算、算术运算、加赋值运算和减赋值运算、关系运算等。

（1）赋值运算（=）。定义指针后，必须先进行赋值才能引用，否则会出现错误。指针之间也可以赋值，可以把赋值号右边指针表达式的值赋给左边的指针变量，要求赋值号两边的指针类型必须相同。但是允许把任一类型的指针赋给 void * 类型的指针对象。

例如：

```
int a=12,*p,*q;          //定义整型变量 a 以及指针变量 p 和 q
char c='f',*t;           //定义字符型变量 c、指针变量 t
p=&a;                    //p 指向整型变量 a
q=p;                     //将指针变量 p 的值赋给指针变量 q
t=&c;                    //t 指向字符型变量 c
```

（2）算术运算。指针变量可以使用的算术运算符包括：自增（++）、自减（--）、减（-）。

自增（＋＋）/自减（－－）是指该指针向后/向前移动1个数据的地址值。一个指针加上或减去一个整数 n，得到的值将是该指针向后或向前移动 n 个数据的地址值，具体大小与数据类型有关。

例 5-2　指针变量的算术运算。

```cpp
#include <iostream>
using namespace std;
int main()
{
    //定义字符型数组 m 并初始化
    char m[10] = { 'A', 'B', 'C', 'D', 'E', 'F', 'G', 'H', 'I' };
    //定义整型数组 n 并初始化
    int n[8] = { 2, 1, 5, 8, 9, 13, 15, 16 };
    char *pa = m, *pb;
    int *qa = n, *qb;
    cout << *pa << "\t" << *qa << endl;
    ++pa;
    ++qa;
    cout << *pa << "\t" << *qa << endl;
    pb = pa + 5;        //pa 加 5 表示 pa 之后 5 个存储单元的地址
    qb = qa + 3;        //qa 加 3 表示 qa 之后 3 个存储单元
    cout << *pb << "\t" << *qb << endl;
}
```

运行结果如图 5-3 所示。

指针算术
运算

图 5-3　例 5-2 的运行结果

（3）加赋值（＋＝）和减赋值（－＝）。这两种操作是加、减操作和赋值操作的复合。

例 5-3　指针的加赋值、减赋值运算

```cpp
#include <iostream>
using namespace std;
int main()
{
    int n[8]={1,2,5,8,9,13,15,16};
    int *pa=n+1,*pb=n+4;
    cout<<*pa<<"  "<<*pb<<endl;
    pa+=3,pb-=2;
    cout<<*pa<<"  "<<*pb<<endl;
}
```

运行结果如图 5-4 所示。

图 5-4   例 5-3 的运行结果

（4）关系运算（＝＝、!＝、<、<＝、>、>＝）。关系运算是比较指针大小的运算。两个指针指向不同的存储地址单元，地址也有大小，可以在关系表达式中比较，判断指针的位置。后面数据的地址大于前面数据的地址。假设 p 和 q 是两个同类型的指针，则当 p 大于 q 时，关系式 p>q、p>＝q 和 p!＝q 的值为 true。而关系式 p<q、p<＝q 和 p＝＝q 的值为 flase；若 p 的值与 q 的值相同，说明这两个指针都指向同一存储单元，则关系式 p＝＝q 成立，其值为 true，而关系式 p!＝q、p<q 和 p>q 不成立，其值为假；当 p 小于 q 时，也可以进行类似的分析。

单个指针也可以同其他任何对象一样，作为一个逻辑值使用，当它的值不为空时则为逻辑值 true，否则为逻辑假。判断一个指针 p 是否为空，若为空则返回 true，否则返回 false，该条件可表示为 !p 或 p＝＝NULL。若要判断一个指针 p 是否为空，不为空时返回 true，否则返回 false，该条件可表示为 p 或 p!=NULL。

例如：

```
int n[8]={1,2,5,8,9,13,15,16};
int *pa=n,*pb=n+2;
if (pa= =pb)                          //判断 pa 与 pb 是否相等
    cout<<"pa 与 pb 相等 "<<endl;
else
    cout<<"pb 不等于 pa"<<endl;
```

5.2.4　指针与结构体

1. 结构体成员是基本数据类型指针

结构体成员可以是任意类型，指针也可以作为结构体成员。例如，学生结构体类型中定义年龄为指针类型。

```
#include <iostream>
using namespace std;
struct Student
{
    string no;
    int* age;
};
int main()
{
    Student st;
    int a;
```

```
    st.age = &a;
    cout << "学号: ";
    cin >> st.no;
    cout << "年龄: ";
    cin >> *st.age;
    cout << "学号: " << st.no << "年龄: " << *st.age << endl;
}
```

这种做法在程序上没有任何问题，但是却没有太大的实际用途，所以结构体成员是普通指针的情况应用很少。

2. 结构体成员是结构体类型指针

可以设定一个指针变量来指向一个结构体变量。此时该指针变量的值是结构体变量的起始地址，该指针称为结构体指针。

结构体成员是指针

结构体指针与前面介绍的各种指针变量在特性和方法上是相同的。在程序中结构体指针也是通过目标运算符"*"访问它的对象。

（1）结构体指针一般定义形式。

```
struct   结构体名   *结构指针名;
```

其中的结构体名必须是已经定义过的结构体类型，struct 可以省略。

例 5-4　定义学生结构体类型指针变量。

```
#include <iostream>
#include<string>
using namespace std;
struct Student
{
    string no;
    int age;
};
int main()
{
    Student *stP;
    Student st;
    st.no = "20230102";
    st.age = 18;
    stP = &st;                    //stP 指向 st
    //用指针访问结构体成员
    cout << "学号: " << stP->no << "年龄: " << stP->age << endl;
}
```

对于上述定义的结构体类型 struct Student，可以说明使用这种结构体类型的结构指针如下：

```
Student * stP;
```

其中 stP 是指向 Student 结构体类型的指针。结构体指针的说明规定了它的数据特性，并为结构体指针本身分配了一定的内存空间。但是指针的内容尚未确定，即它指向随机的对象。

（2）结构体指针成员访问。当表示指针变量 stP 所指向的结构体变量中的成员时，访问结构体成员使用如下方式：

"结构体指针名 -> 成员名"

或

"（*结构体指针名）. 成员"

通常情况使用结构体变量直接访问成员，其操作用 "."；用指向结构体变量的指针来访问成员，其操作用 "->"。

3. 结构体成员是结构体类型指针

结构体指针指向自身类型结构体，该指针存放的是该类型结构体变量的地址，如图 5-5 所示。也就是当结构体成员指针指向一个自身类型的结构体变量时，两个结构体变量通过指针链接起来了，常用定义形式如下。

```
struct    结构体类型名
{
    类型1   成员1;
    …
    类型n   成员n;
    结构体类型名 *next;
};
```

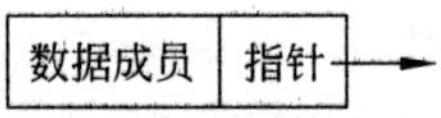

图 5-5   结构体成员是结构体类型指针

通过该结构体指针链接起来的数据类型称为 "链表"，链表中的每一个结构体变量称为节点。为方便链表的创建、删除、访问等操作，通常将链表头节点称为头节点。

（1）链表建立。链表由一个一个节点链接而成，可以用图 5-6 形象地描述，其中符号 "^" 表示空（NULL）。链表有空链表、一个节点的链表和多节点链表。链表中的节点动态申请，按需增加。

图 5-6   链表

创建一个存储 Student 信息的链表，可以用 C++ 语言描述如下：

```
Student* ListAdd(Student * phead)
{
    //定义头节点
    Student* Head = phead;
    //使用new动态申请空间
    Student* newnode = new Student;
    //为申请的空间节点赋值
    cout << "学号:";
    cin >> newnode->no;
    cout << "年龄:";
    cin>>newnode->age;
    newnode->next = NULL;
```

```
    //如果当前是空链表，则新创建的节点就是 Head 节点
    if (Head == NULL)
        Head = newnode;
    //非空链表，将新创建的节点插入到头节点之前
    else
    {
        newnode->next = Head;
        //更新头节点
        Head = newnode;
    }
    return Head;
}
```

 使用动态分配运算 new 为节点申请空间，节点类型放在 new 之后；通常使用 Head 表示头指针；NULL 表示空指针。

（2）链表访问。输入链表中每个节点的信息，可以用 C++ 语言描述如下：

```
void ListOut(Student* phead)
{
    //定义临时指针指向当前访问的节点
    //从 Head 开始逐个访问
    Student* cur = phead;
    while (cur != NULL)
    {
        cout << cur->no << "\t" << cur->age << endl;
        //指针后移
        cur = cur->next;
    }
}
```

（3）链表删除。链表中存储多个节点，当某个节点需要删除时，删除后要释放节点空间，重新链接链表，可以用 C++ 语言描述如下：

```
Student* ListDel(Student * phead,string no)
{
    Student* pre,*cur,*Head;
    //定义 cur 指针指向当前节点
    //定义 pre 指针指向当前节点的前一个节点
    Head = phead;
    cur=phead;
    pre = NULL;
    while (cur != NULL)
    {
        //如果头节点就是要查找的节点
        if(Head->no==no)
        {
```

```
            cout << "删除成功" << endl;
            return Head->next;
        }
        else
            if (cur->no == no)
            {
                //让 pre 指向 cur 的下一个节点，cur 节点被删除
                pre->next = cur->next;
                cout << "删除成功" << endl;
                break;
            }
            else
            {
                pre = cur;
                cur = cur->next;
            }
    }
    return Head;
}
```

结构体成员
是自身类型
的指针

> 链表是一种常见的数据结构，其实现的语言和方法有很多。对链表的基本操作包括创建链表、访问链表、删除链表中的节点以及对链表中的数据进行排序等操作。读者如果后续学习"算法与数据结构"这门课程，将会学习到更加丰富、复杂的关于链表的操作。本书在这里只做简单形象的介绍，为后续学习起到抛砖引玉的作用。

5.3 项目实现

本任务序号是 T5-1，任务名称是"改进客户信息管理系统"。

1. 需求分析

客户信息管理系统是一家玩具供应商用来管理有业务往来的客户信息的系统，当前版本的系统已经实现了客户信息的添加、访问、删除等功能，但是系统使用数组存放客户信息，固定了客户数量，限制了该供应商对客户信息的管理。新的版本使用链表数据结构，不限制客户数量，根据业务发展实际情况存放客户信息，实现客户信息动态管理、灵活访问。新版本系统功能包括：添加客户信息，根据客户姓名输出客户详细信息，根据业务发展情况删除没有业务往来的客户信息，输出整个系统中的所有客户信息等。

> 个人信息保护法是一项重要的法律法规，旨在保护个人隐私和信息安全。在程序设计中融入个人信息保护法元素，可以帮助程序员提高道德水平和社会责任感。以下是一些建议。
>
> （1）强调隐私保护。在程序设计过程中，始终关注用户隐私保护。例如，

确保数据加密传输，限制不必要的数据收集，以及提供清晰的隐私政策等。

（2）提高用户知情权。在设计用户界面时，充分展示数据收集、使用和共享的相关条款，让用户了解程序如何处理他们的个人信息，并让用户有权选择是否同意这些条款。

（3）强化数据安全措施。确保程序具备足够的安全防护措施，防止数据泄露、篡改或丢失。例如，采用强密码策略、定期更新软件补丁、实施访问控制等。

（4）遵守法律法规。在开发过程中，确保遵循相关法律法规，如个人信息保护法等。了解并遵守这些法规有助于提高程序员的道德水平和社会责任感。

（5）提高开发者意识。开发者要学习关于个人信息保护法和相关道德规范的知识，能够在设计和开发过程中充分考虑这些问题。

（6）引入社会责任元素。鼓励开发者关注社会责任，例如避免过度收集用户数据，支持透明度和问责制度等。

通过将个人信息保护法融入程序设计过程，可以提高程序员的道德水平和社会责任感，为用户创造一个更加安全、公平和可信的环境。

添加客户
信息流程
执行过程

2. 流程设计

（1）添加客户信息流程图如图 5-7 所示。

（2）查找客户信息流程图如图 5-8 所示。

查找客户
信息流程
执行过程

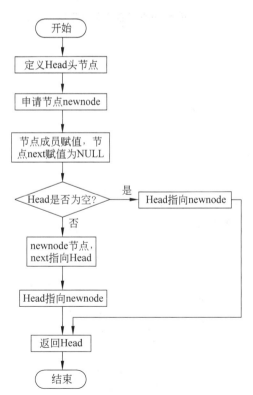

图 5-7　添加客户信息流程图

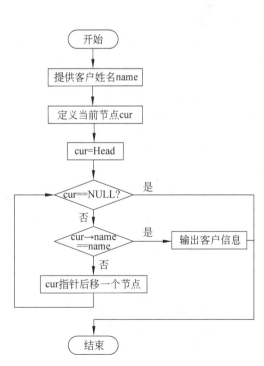

图 5-8　查找客户信息流程图

（3）删除客户信息流程图如图5-9所示。

（4）客户信息管理系统项目流程图如图5-10所示。

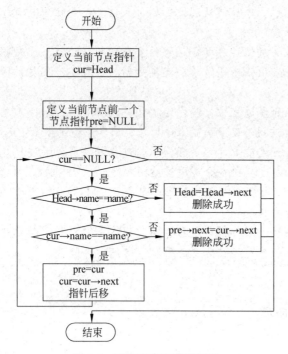

图5-9　删除客户信息流程图

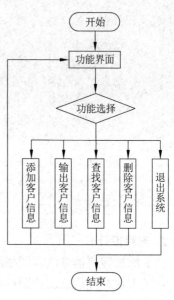

图5-10 客户信息管理系统流程图

3. 代码编写

（1）定义客户节点结构体指针类型 Custom。

```cpp
struct Custom
{
    string name;
    int age;
    string tel;
    Custom* next;          //结构体指针
};
```

（2）添加客户信息函数 ListAdd，流程设计参考图5-7。

```cpp
Custom* ListAdd(Custom * phead)
{
    //定义头节点
    Custom* Head = phead;
    //使用new动态申请空间
    Custom* newnode = new Custom;
    //为申请的空间节点赋值
    cout << "姓名：";
    cin >> newnode->name;
    cout << "年龄：";
    cin>>newnode->age;
    cout << "电话：";
```

```
        cin >> newnode->tel;
        newnode->next = NULL;
        //如果当前是空链表，则新创建的节点就是 Head 节点
        if (Head == NULL)
            Head = newnode;
        //非空链表，将新创建的节点插入到头节点之前
        else
        {
            newnode->next = Head;
        //更新头节点
        Head = newnode;
        }
        return Head;
}
```

（3）输出所有客户信息函数 ListOut。

```
void ListOut(Custom* phead)
{
        //定义临时指针指向当前访问的节点
        //从 Head 开始逐个访问
        Custom* cur = phead;
        while (cur != NULL)
        {
            cout << cur->name << "\t" << cur->age << "\t"<<cur->tel<<endl;
            //指针后移
            cur = cur->next;
        }
}
```

（4）查找客户信息函数 ListSel，流程设计参考图 5-8。

```
void ListSel(Custom* phead, string name)
{
        Custom* cur;
        cur = phead;
        while (cur != NULL)
        {
            if (cur->name == name)
            {
                cout << cur->name << "\t" << cur->age << "\t" << cur->tel
                << endl;
                break;
            }
            else
                cur = cur->next;
        }
}
```

（5）删除客户信息函数 ListDel，流程设计参考图 5-9。

```
Custom* ListDel(Custom * phead,string name)
{
```

```cpp
    Custom* pre,*cur,*Head;
    //定义 cur 指针指向当前节点
    //定义 pre 指针指向当前节点的前一个节点
    Head = phead;
    cur=phead;
    pre = NULL;
    while (cur != NULL)
    {
        //如果头节点就是要查找的节点
        if(Head->name==name)
        {
            cout << " 删除成功 " << endl;
            return Head->next;
        }
        else
            if (cur->name == name)
            {
                //让 pre 指向 cur 的下一个节点，cur 节点被删除
                pre->next = cur->next;
                cout << " 删除成功 " << endl;
                break;
            }
            else
            {
                pre = cur;
                cur = cur->next;
            }
    }
    return Head;
}
```

（6）客户信息管理系统功能界面 Menu。

```cpp
int Menu()
{
    int sel;
    cout << endl<<endl<<"***** 欢迎使用客户信息管理系统 ******" << endl;
    cout << "        添加客户信息 -------1" << endl;
    cout << "        输出客户信息 -------2" << endl;
    cout << "        查找客户信息 -------3" << endl;
    cout << "        删除客户信息 -------4" << endl;
    cout << "        退出客户系统 -------0" << endl;
    cout << " 请输入选择：";
    cin >> sel;
    return sel;
}
```

（7）系统主函数。

```cpp
int main()
{
    Custom * Head = NULL;
```

```
string name;
do
{
    switch (Menu())
    {
    case 1:Head=ListAdd(Head); break;
    case 2:ListOut(Head); break;
    case 3:
        cout << "请输入要查找的客户姓名:";
        cin >> name;
        ListSel(Head,name); break;
    case 4:
        cout << "请输入要删除的客户姓名:";
        cin >> name;
        Head=ListDel(Head,name); break;
    case 0:cout << "欢迎下次使用" << endl; exit(1);
    }
} while (1);
}
```

4. 运行并测试

该项目运行并正常使用时有四种情况：添加客户信息，查找某个客户信息，删除某个客户信息，输出所有客户信息。下面分情况展示系统运行测试效果。

（1）添加 3 个客户信息：张三、30、13805341111；李四、35、13905342222；王五、32、13605343333。运行情况如图 5-11 所示。

图 5-11 添加客户

（2）输出所有客户信息，如图 5-12 所示。显示样式可以根据需要调整。

（3）查找姓名为"李四"的客户信息，如图 5-13 所示。尝试测试查找系统中没有的客户信息。

（4）删除姓名为"张三"的客户信息，如图 5-14 所示。

图 5-12 输出所有客户信息	图 5-13 查找客户信息	图 5-14 删除客户信息

尝试测试删除链表中头节点、尾节点和中间节点。

项目运行

小记录：

你的程序在调试过程中发现_____个错误，错误内容如下。

_____

_____

_____

大发现：

_____

_____

5.4 知 识 拓 展

由于数组与指针在存取数据时采用统一的地址计算方法，所以指针的运算通常与数组相关。前面已提出引用数组元素可以用下标法，也可以用指针法（通过指向数组元素的指针找到所需的元素）。任何能由下标完成的操作都可以用指针来实现。使用指针既可以节约空间，也可以节约时间（占用内存空间少，运行速度快），从而提高目标程序的质量。

5.4.1 指针与一维数组

一维数组是一组具有相同数据类型的元素组成的数据集合，被存放在一片连续的内存存储单元中。对数组访问是通过数组名（数组的起始地址）加上相对于起始地址的相对量（数据元素下标），得到要访问的数组元素的存储单元地址，然后再对数组元素的内容进行访问。

用户所编写的源程序经编译系统编译时，若有数组元素 a[i]，则将其转换成 *(a+i)，然后才能进行计算。

一般数组元素的形式：

＜数组名＞[＜下标表达式＞]

编译程序将其转换成：

＊(＜数组名＞+＜下标表达式＞)

例如：

根据数组 int m[8]＝{1,2,5,8,9,13,15,16}，可得到如下关系。

- m：表示数组的首地址，即第 1 个元素的地址，m＝＝&m[0]。
- m+1：表示第 2 个元素的地址，m+1＝＝&m[1]。
- m+i：表示第（i+1）个元素的地址（0≤i≤7），m+i＝＝&m[i]。

因此，可以用下标和指针两种方式访问数组元素，如表 5-2 所示。

表 5-2　下标和指针访问数组元素

下 标 形 式	地　址	指 针 形 式	内　容
m[0]	m	*m	1
m[1]	m+1	*(m+1)	2
m[2]	m+2	*(m+2)	5
m[3]	m+3	*(m+3)	8
m[4]	m+4	*(m+4)	9
m[5]	m+5	*(m+5)	13
m[6]	m+6	*(m+6)	15
m[7]	m+7	*(m+7)	16

由此可见，m[i] 与 *(m+i) 是等价的。

例 5-5　通过指针访问一维数组元素。

```cpp
#include <iostream>
using namespace std;
int main()
{
    int *p;
    int k[8]={1,3,6,7,10,11,13,15};
    for(p=k;p<k+8;p++)
        cout<<*p<<"\t";
    cout<<endl;
}
```

运行结果如图 5-15 所示。

指针访问
一维数组

图 5-15　例 5-5 的运行结果

说明

该数组 k 在内存中位置如图 5-16 所示。

1000	1004	1008	1012	1016	1020	1024	1028
1	3	6	7	10	11	13	15

图 5-16 指针与一维数组

假设 k 在内存中的地址为 1000，数组名 k 即为整个数组的首地址，执行 p++ 后，指针指向内存地址为 1004 的内存（C++ 中，普通整型变量占 4 个字节内存），其实质为指向数组元素 k[1] 所在的内存位置。

随着指针变量的移动，指针变量可以指到数组后的内存单元。因此，使用指针变量对数组进行访问时，要注意指针的指向。

试一试：使用指针完成一维数组的输入与输出。

5.4.2 指针与二维数组

1. 二维数组的地址

一个二维数组可以看作是带有一维下标的一维数组，该数组中的每一个元素又是一个一维数组。例如：

```
int n[3][4]={{21,28,17,23},{32,5,18,29},{15,20,9,58}};
```

该数组 n 由 3 个元素组成，分别是 n[0]、n[1]、n[2]，而 n[0]、n[1]、n[2] 又分别是由 4 个元素组成的一维数组。n[0] 的 4 个元素为 n[0][0]、n[0][1]、n[0][2]、n[0][3]，n[1] 的 4 个元素为 n[1][0]、n[1][1]、n[1][2]、n[1][3]，n[2] 的 4 个元素为 n[2][0]、n[2][1]、n[2][2]、n[2][3]。

二维数组名同样也是一个地址常量，其值为二维数组第一个元素的地址。按照一维数组地址的概念：

n 表示数组元素 n[0] 的地址，即第 0 行的首地址，称为行指针；

n+1 表示数组元素 n[1] 的地址，即第 1 行的首地址，称为行指针；

n+2 表示数组元素 n[2] 的地址，即第 2 行的首地址，称为行指针。

同时，n[0]、n[1]、n[2] 也是 3 个一维数组的名字。

同理：

n[i] 表示数组元素 n[i][0] 的地址，即第 i 行第 0 个元素的地址，n[i]==&n[i][0]，称为列指针。

从值上看，n==n[0]、n+1==n[1]、n+2==n[2]，n+i 表示数组中第 i 行的首地址，n[i] 表示 n 数组第 i 行首列的地址。

由一维数组可知，n[i] 与 *(n+i) 等价，在二维数组中同样适用。但是 n[i] 表示二维数组第 i 行首列的地址，因此，*(n+i) 也表示二维数组第 i 行首列的地址。

2. 使用二维数组的地址访问数组元素

与一维数组类似，可以用二维数组的地址访问数组元素，二维数组 n [x][y] 的元素 n[i][j] 的引用可以用五种方法：n[i][j]、*(n[i]+j)、*(*(n+i)+j)、(*(n+i))[j]、*(&n[0][0]+m*i+j)。

3. 使用指向二维数组元素的指针变量访问数组元素

可以使用一个以数组元素类型为基类型的指针，依次引用二维数组的所有元素，因为这些元素在内存中按顺序连续存放。

例 5-6　使用指针变量访问二维数组元素。

```cpp
#include <iostream>
using namespace std;
int main()
{
    int n[3][4] = { {21,28,17,23},{32,5,18,29},{15,20,9,58} };
    int* p[4];   //p 与 n 的值具有相同的指针类型，均为 int(*)[4]
    int i, j;
    *p = n[0];
    for(i = 0; i < 3; i++)
    {
        for (j = 0; j < 4; j++)
        {
            cout << **p << " ";   //采用指针方式访问 p 所指向的二维数组
            (*p)++;
        }
        cout << "\n" << endl;
    }
}
```

运行结果如图 5-17 所示。

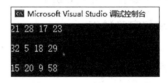

图 5-17　例 5-6 的运行结果

（1）使指针变量 p 指向数组 n 的第 0 行第 0 列的地址，则 *p 表示 n 数组的第 0 个元素值。

（2）p++ 指向数组 n 的下一个元素，则 *p 表示数组 n 的下个元素值，指针 p 不断后，直至访问完数组的所有元素。

5.4.3　指针与字符串

字符串是存放在字符数组中的，指针与数组之间的关系也适用于字符数组，对字符数组中的字符逐个处理时，用指针更加方便。

字符型指针变量可以指向字符型常量、字符型变量、字符串常量以及字符数组。可以使用指针常量或指针变量处理字符串。使用指针变量处理字符串时，一定要使指针变量有确定的指向，否则系统不知指针变量指向哪一个存储单元，执行时就会出现意想不到的错误，甚至对系统造成严重危害。

1. 字符指针的定义及初始化

字符指针定义的格式如下：

```
char * 变量名；
```

例如：

```
char *pstr;
```

字符指针的初始化可以有下列几种方式。

（1）用字符数组名初始化。

```
char ch[] = "Welcome to Dezhou!";
char *pstr=ch;
```

（2）用字符串常量初始化。

```
const char *pstr ="welcome to Dezhou!";
```

用字符串 "Welcome to Dezhou!" 的首地址初始化 pstr 指针变量，即 pstr 指向字符串 "Welcome to Dezhou!" 的首地址。字符串常量保存在全局 const 内存区，定义的字符指针前面要有 const。

（3）用赋值运算使指针指向一个字符串。

```
const char* pstr;
pstr = "welcome to Dezhou!";
```

这种方法与用字符串常量初始化指针完全等价。

2. 使用字符指针处理字符串和字符数组

使用字符指针处理字符串，首先定义字符指针，然后字符指针指向字符串，通过字符指针逐个访问字符串中的每个字符。

例 5-7　用指针实现字符串复制。

```
#include <iostream>
#include <string>
using namespace std;
int main()
{
    char* ps1 , * ps2;
    char ps[] = "Welcome to Dezhou!";
    ps1 = ps;
    char s1[60], s2[60];
    strcpy_s(s1,ps1);
    ps2 = s2;
    while (*ps1 != '\0')
    {
```

```
        *ps2 = *ps1;
        ps1++;
        ps2++;
    }
    *ps2 = '\0';
    cout << "\ns1=" << s1 << endl;
    cout << "\ns2=" << s2 << endl;
    getchar();
```

运行结果如图 5-18 所示。

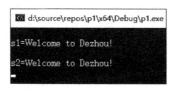

指针和字符串

图 5-18　例 5-7 的运行结果

说明

　　指针变量复制字符串的过程：先将 ps2 指向字符串数组 s2 的首地址，然后通过赋值语句 *ps2=*ps1 将字符串 s1 中的字符复制到 s2 中，再将指针 ps1、ps2 移动到下一个存储单元，依次循环直到字符串结束符 "\0" 结束。

　　输出字符指针就是按地址输出字符串。指向字符串中任一位置的指针都是一个指向字符串的指针，该字符串从所指位置开始，直到字符串 "\0" 为止。

3. 字符指针变量与字符数组的区别

字符指针变量是一个指针变量，它存储了一个地址，指向内存中的某个字符；而字符数组是一个数组，它存储了多个字符。

例如：

```
char* ps;
char s[] = "Welcome to Dezhou!";
ps = s;
```

s 由若干字符元素组成，每个 s[i] 存放一个字符；而 ps 中存放的是字符串首地址。字符指针变量与字符数组的区别如图 5-19 所示。

图 5-19　字符数组与字符指针变量的区别

s 中存放的是数组元素首地址，是地址常量，且 s 大小固定，预先分配存储单元；ps 中存放的是地址变量，并且可以多次赋值。

ps 接受输入字符串时，必须先开辟存储空间。

例如：

```
char *ps;
cin>>ps;    //ps 没有具体指向
cout<<ps<<end1;
```

编译时会出现错误提示：

local variable 'p' used without having been initialized

修改如下：

```
char *ps,s[60];
ps=s;
cin>>ps;
cout<<ps<<end1;
```

5.4.4　指针作为函数参数

指针作为函数参数的传递方式称为地址传递。指针既可以作为函数的形参，也可以作为函数的实参。当需要通过函数改变变量的值时，可以使用指针作为函数参数。指针作为函数的参数时，是以数据的地址作为实参调用一个函数，即参数传递的是地址。因此，与之相对应的被调用的函数中的形参也应为指针变量，实参的指针类型与形参必须一致。

与传值调用相比，在传地址调用时，实参为某变量地址值，形参为指针类型，将地址值赋给形参，使形参指针指向该变量，则以后可直接通过形参指针来访问该变量。

例 5-8　编写一个函数，可以执行两个数的交换。

```
//指针作为参数：两个数交换
#include <iostream>
#include <string>
using namespace std;
void change(int*, int*);
int main()
{
    int a, b;
    int* p1 = &a, * p2 = &b;
    cout << "a,b=";
    cin >> a >> b;
    cout << "\n交换之前a,b=" << a << "   " << b << endl;
    change(p1, p2);
    cout << "\n交换之后a,b=" << a << "    " << b << endl;
}

void change(int* m, int* n)
{
    int t;
    t = *m;
    *m = *n;
    *n = t;
```

```
        cout << "\n 函数中 m,n=" << *m << "    " << *n << endl;
}
```

运行结果如图 5-20 所示。

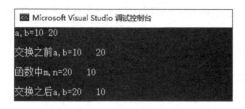

图 5-20 例 5-8 的运行结果

 说明   定义指针变量 p1 和 p2 并分别指向整型变量 a 和 b，将 p1 和 p2 的值作为实参传递给形参 m 和 n，则 m 和 n 也分别指向变量 a 和 b。在 change( ) 函数中交换指针变量 m 和 n 所指向变量的内容，实际上交换的就是变量 a 和 b 的值。参数的传递方式如表 5-3 所示。

表 5-3 参数的传递

变量	调用 change() 前		调用 change() 中		调用 change() 后	
	地 址	值	地 址	值	地 址	值
p1		26110FF8A4				26110FF8A4
p2		26110FF8C4				26110FF8C4
a	26110FF8A4	10			26110FF8A4	20
b	26110FF8C4	20			26110FF8C4	10
m			26110FF8A4	10		
n			26110FF8C4	20		
m			26110FF8A4	20		
n			26110FF8C4	10		

如果函数的形参为指针类型，调用该函数时，对应实参必须是基类型相同的地址值或已初始化指针变量。

虽然实参和形参之间还是值传递方式，但由于传递的是地址值，所以形参和实参指向了同一个存储单元。因此，在函数中，通过形参操作的存储单元，与实参所指是同一个单元，一旦形参的值发生了变化，实参的值就发生了改变。利用此形式，可以把两个或两个以上的数据从被调用函数中返回到调用函数。

使用指针作为参数在函数间传递数据时要注意以下两点。

（1）在主调函数中，要以变量的存储地址作为实参来调用另一个函数。

（2）被调用函数的形参必须是可以接受地址值的指针变量，而实参的数据类型必须与形参相一致。

5.4.5 指针与引用

1. 引用类型

当调用形参为变量名的函数时，系统将为形参分派与实参不同的内在空间，因此，函数的执行结果无法通过形参返回给调用程序，变量作为形参也就无法应用在需要返回两个或两个以上运算结果的函数中。为此，C++ 提供了引用类型变量来解决上述问题，这是C++ 区别于 C 的与指针有关的特征。

C++ 中的引用是一种特殊的变量，它与普通变量不同的是，引用在定义时必须被初始化，且一旦初始化后就不能再绑定到其他变量。引用的声明方式为 & 变量名，使用引用可以避免拷贝数据，提高程序的效率。

引用类型变量的定义格式如下：

数据类型 & 引用变量名 = 变量名；

例如：

```
int x = 10;
int& ref = x;                //定义一个引用变量 ref 并将其绑定到变量 x 上
cout << "x = " << x << endl;          //输出变量 x 的值
cout << "ref = " << ref << endl;      //输出引用变量 ref 的值（与 x 的值相同）
```

说明 引用是建立某个变量的别名，不占存储空间，声明引用时，目标的存储状态不会改变。

例 5-9 引用类型变量举例。

```
#include <iostream>
using namespace std;
int main()
{
    int number = 20;              //定义整型变量 number 并赋值为 20
    int& rdl = number;            //定义引用变量 rd1,该变量是 number 的引用
    cout <<"number =" << number << endl;
    cout << "rdl =" << rdl << endl;
    number += 32;                 //number 重新赋值
    cout << "number = " << number << endl;
    cout << "rdl =" << rdl << endl;
    rdl += 64;                    //rd1 重新赋值
    cout << "number = " << number << endl;
    cout << "rdl =" << rdl << endl;
}
```

运行结果如图 5-21 所示。

引用的应用

图 5-21 例 5-9 的运行结果

提 示

引用变量 rdl 用整型变量 number 来初始化，number 和 rdl 值一样。引用在声明时必须初始化，否则会产生编译错误。

（1）引用与指针不同，指针变量可以不进行初始化，并且在程序中可以指向不同的变量。引用必须在声明的同时用一个已定义的变量进行初始化，并且一旦初始化后就不会再绑定到其他变量上了。

（2）引用声明中的字符 & 不是地址运算符，它用来声明引用。除了声明引用之外，任何 & 的应用都是地址运算符。引用运算符与地址运算符使用的符号相同，但它们不一样。引用运算符只在声明的时候使用，它放在类型名后面。

（3）引用变量与变量的声明要分别写在不同的行上，以提高程序可读性。例如：

```
int m;
int &r=m,n;        //r是m的引用，n是变量
```

最好改写如下：

```
int m, n;
int &r=m;
```

（4）不允许对 void 进行引用。引用与被引用的变量应具有相同的类型，但对 void 进行引用是错误的。

（5）引用只能是变量或对象的引用，不能建立数组的引用。数组是具有某种类型的数据的集合，数组名表示数组的起始地址而不是一个变量。指针可以作为数组元素，但引用不可以作为数组元素。

（6）指针也是变量，可以有指针的引用。

2. 引用作为函数的参数

引用最重要的用处是作函数的参数。函数参数传递有传值、传址和引用传递三种方式。引用可以作为函数的参数，建立函数参数的引用传递方式。引用传递实际上传递的是变量的地址，而不是变量本身。这种传递方式避免了传递大量数据带来的额外空间开销，从而节省大量存储空间，减少了程序运行的时间。

下面以交换两个变量值的函数为例子来说明传值、传址和引用三种传递方式之间的区别。

例 5-10　编写可以进行两个数据交换的函数。

```
#include <iostream>
using namespace std;
void change1(int, int);
void change2(int*, int*);
void change3(int&, int&);
int main()
```

```
{
    int m = 32, n = 64;
    cout << «\n 执行交换之前：\nm=" << m << "  n=" << n << endl;
    change1(m, n);
    cout << «\n 数值传递 change1(m,n) 交换之后：\nm=" << m << "  n=" << n <<
    endl;
    change2(&m, &n);
    cout << «\n 地址传递 change2(&m,&n) 交换之后：\nm=" << m << "   n=" << n
    << endl;
    change3(m, n);
    cout << «\n 引用传递 change3(m,n) 交换之后：\nm=" << m << "  n=" << n <<
    endl;
}
void change1(int m, int n)
{
    int t;
    t = m;
    m = n;
    n = t;
}
void change2(int* m, int* n)
{
    int t;
    t = *m;
    *m = *n;
    *n = t;
}
void change3(int& m, int& n)
{
    int t;
    t = m;
    m = n;
    n = t;
}
```

运行结果如图 5-22 所示。

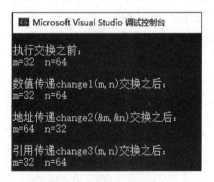

图 5-22 例 5-10 的运行结果

函数 change1 使用基本数据类型整型变量作为参数，实参将 m、n 的值传递给形参 m、n，形参 m、n 的数据交换对实参没有任何影响。当 change1 返回后，主函数中 m、n 的值没有发生变化。

函数 change2 使用指针作为参数，克服了 change1 的问题。当实参传给形参时，指针本身被复制，而函数中交换的是指针指向的内容。当 change2 返回后，两个实参可以达到交换的目的。

函数 change3 通过使用引用参数，克服了 change1 的问题，形参是对应实参的别名，当形参交换时，实参也交换。应注意，实参前不能加引用运算符 &。

（1）引用传递方式类似于指针，可读性比指针传递更强。

（2）调用函数语法简单，与简单传值调用一样，但其功能却比强传值方式。

小记录：

在使用指针的过程中最难的是什么？编译中出现的错误提示有哪些？

_____

_____

_____

_____

大发现：

_____

5.5　项目改进

对于"客户信息管理系统"，我们用结构体指针构建的链表实现了不限数量大小的客户信息添加、删除和查找功能。该项目中使用的查找方法是顺序查找，当客户信息逐渐增多时，顺序查找的方法效率较低。实际应用中，查找算法不但要实现查找功能还要有高效的查找效率。该项目中的客户信息查找功能仅实现了按照"姓名"查找，实际应用中可能有时需要按照"电话"查找或者按照"性别"查找等。本着完善功能及提升效率的原则，后续开发可以在如下几个方面完善项目。

（1）增加按照"姓名""性别"等关键字查询的方法。

（2）尝试"顺序查找"之外的其他方法，提升查找效率。

（3）你能想到或遇到的其他问题……

5.6 你知道吗

1. 特工 008 利用指针寻找保险箱密码

有一个编号为 008 的特工，在 2010 年 9 月 12 日凌晨接到一个任务。任务要求他找出一个保险箱的密码，据可靠消息得知，这个密码被神秘人放在一个五星级酒店中，保险箱的密码和"虎跑机"的保险柜有一定的关联。

008 特工对全市五星级酒店进行排查，确定 ××× 酒店有名为"银龙"的保险柜，打开"银龙"保险柜之后，看到 2058 这几个数字，008 特工找到 2058 号"卧虎"保险柜，这就是存放密码的保险柜。打开 2058 保险柜，拿出密码，成功地打开了保险箱，顺利地完成了任务。

008 特工就是利用指针与地址的关系顺利找到了密码，成功完成任务。密码示意图如图 5-23 所示。

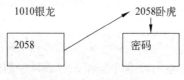

图 5-23 密码示意图

2.《中华人民共和国数据安全法》

作为软件开发人员，在研发、运维过程中会经常与"数据"打交道，了解"数据安全法"，做到合法、合理使用数据，保护数据安全。

（1）数据安全法简介。《中华人民共和国数据安全法》由第十三届全国人民代表大会常务委员会第二十九次会议于 2021 年 6 月 10 日通过，自 2021 年 9 月 1 日起施行。该法共七章五十五条，分别是总则、数据安全与发展、数据安全制度、数据安全保护义务、政务数据安全与开放、法律责任和附则。数据安全法的颁布实施，对于规范数据处理活动，保障数据安全，促进数据开发利用，保护个人、组织的合法权益，维护国家主权、安全和发展利益，具有重要的作用和意义。

（2）违法案例。2022 年 3 月 13 日，某市公安局网络安全保卫大队民警对辖区单位开展网络安全和数据安全检查，在检查中发现某二类专科医院和某疫苗接种门诊没有制定数据安全管理制度和操作规程，没有对单位员工开展正规的数据安全教育培训，没有采取任何防篡改、防泄漏、防侵入等技术措施，没有对采集到的居民个人信息采取去标识化和加密措施，系统存在弱口令密码等严重数据安全隐患，均违反了《中华人民共和国数据安全法》第二十七条之规定。

根据《中华人民共和国数据安全法》第四十五条之规定，该市公安局对未履行数据安全保护义务的这两家单位依法予以行政警告处罚。两家单位负责人均表示接受处罚并且立即按要求整改到位，该市警方将继续为数据安全治理作出积极探索和实践。

3.《中华人民共和国个人信息保护法》

《中华人民共和国个人信息保护法》于 2021 年 8 月 20 日第十三届全国人民代表大会

常务委员会第三十次会议通过，2021 年 11 月 1 日起施行。

首部《中华人民共和国个人信息保护法》亮点"十足"。限制过度收集个人信息；禁止大数据杀熟；禁止滥用人脸识别技术；严格保护个人敏感信息；未成年个人信息被列入敏感个人信息；赋予互联网平台特别义务；完善个人信息跨境提供规则；明确逝者个人信息保护规则；加大对违法处理个人信息行为的惩处力度；健全投诉、举报机制。

想一想

1. 地址是指（　　）。

  A. 变量的值   B. 变量的类型

  C. 变量在内存中的编号   D. 变量

2. 变量指针的含义是指该变量的（　　）。

  A. 值   B. 地址   C. 名称   D. 一个标志

3. 若有语句：

```
int *p,m=4;
p=&m;
```

以下均代表地址的一组选项是（　　）。

  A. m,p,*&m   B. &m,*p

  C. * &p,*p,&a   D. &a,& *p,p

4. 假设某变量有如下语句，则通过指针变量 c 得到 a 的数值的方式为（　　）。

```
int a,*b,**c;
b=&a; c=&b;
```

  A. 指向运算   B. 取地址运算   C. 直接存取   D. 间接存取

5. 设 p 和 q 是指向同一个整型一维数组的指针变量，f 为整型变量，则不能正确执行的语句是（　　）。

  A. k=*p+*q   B. q=f   C. p=q   D. k=*p*(*q)

6. 以下程序的输出结果为（　　）。

```
int main()
{
    char *p[10]{"abc","aabbcc","ccbbaa","cba","da"};
    cout<<strlen(p[4]);
}
```

  A. 2   B. 6   C. 4   D. 5

7. 若有以下说明语句：

```
int a[10]={1,2,3,4,5,6,7,8,9,10},*p=&a[3],b;
b=p[5];
```

则 b 的值是（　　）。

  A. 5   B. 6   C. 8   D. 9

8. 指针是把另一个变量的_____作为其值的变量。

9. 能够直接赋值给指针变量的整数是_____。

10. 若某函数原型中，有一个形参被说明成 int * 类型，那么可以与之结合的实参类型可能是_____、_____等。

11. 如果程序中已有定义"int k;"，完成如下内容。

（1）定义一个指向变量 k 的指针变量 p 的语句是_____。

（2）通过指针变量，将数值 6 赋值给 k 的语句是_____。

（3）定义一个可以指向指针变量 p 的指向指针的变量 q 的语句是_____。

（4）通过赋值语句将 q 指向指针变量 p 的语句是_____。

（5）通过指向指针的变量 q，将 k 的值增加一倍的语句是_____。

12. 以下程序可以实现输入两个数，将其按从小到大的顺序输出，请填空。

```cpp
#include "stdafx.h"
void main( )
{
    int m,n,*p=&m,*q=&n,*t;
    cout<<" 请输入两个整数 :"
    cin>>m>>n;
    if (m>n)
    {
        _____ ;
        _____ ;
        _____ ;
    }
    cout<<" 结果是: ";
    cout<<*p<<","<<*q<<endl;
}
```

做一做

1. 用指针变量计算期末考试的总成绩和平均成绩。

2. 有 10 个人围成一圆圈，并顺序编号，从第一个人开始报数（只报 1、2、3、4），凡报到 4 的人退出圆圈，再从 1 开始报数到 4，思考最后留下的是原来的几号。

3. 编写函数 delstr(str1,str2)，能从字符串中删除子字符串。要求从键盘输入一字符串，然后输入要删除的子字符串，输出删除子串后的新字符串。

4. 使用指针编写函数 conver()，要求：输入由几个英文单词组成的字符数组，各字符混用大小写。程序执行后，将所有句子的第一个字母都变成大写，句中的其他字母都为小写。

在线测试

扫描下方二维码，进行项目 5 在线测试。

项目 5 在线测试

第二篇
面向对象程序设计

项目 6
宠物领养游戏基础

知识目标：

（1）知道面向对象程序设计思想。

（2）认识什么是类，什么是对象。

（3）掌握类及对象的创建。

（4）掌握如何通过构造函数初始化对象。

（5）理解析构函数的功能。

（6）知道 this 指针的使用。

（7）掌握友元函数与友元类的使用。

技能目标：

（1）能够把项目中出现的具有共性的事物抽象成类。

（2）可以通过类中各类函数完成项目功能。

素质目标：

（1）培养程序设计严谨、认真的职业素养。

（2）培养面向对象的程序设计思维能力。

思政目标：

（1）培养学生的信息素养和科技意识，让他
们了解计算机科学的发展历程和现状，掌握编程
技能和算法思想。

（2）培养学生的信息安全意识和防范能力，
让他们了解网络安全的重要性，掌握基本的防范
措施和应对方法。

6.1 项 目 情 景

游戏开发是当下的热门项目，它本质上是软件开发的一个方向。"宠物养成"作为休
闲类游戏，能够让玩家感受到培养宠物的乐趣，既可作为独立单机游戏寓教于乐，又可作
为大型游戏的一种玩法，当玩家获得一个虚拟的宠物后，需要花上一段时间带着宠物进行
一系列的游戏任务，达成一定的养成目标，或辅助玩家的后续任务，使玩家从游戏中获得
满足感，达到愉悦心情及释放压力治愈内心的效果。

"宠物"作为游戏中的一种常见的特殊角色，在游戏性上也会表现出很多与游戏角色

相同的属性，逻辑性上宠物系统比游戏系统相对简单，贴近生活且易于理解。

现收到软件公司"宠物领养游戏"合作开发项目，该项目要求实现虚拟宠物喂养、成长、查看、玩耍等功能，基于项目要求进行需求分析，项目经理列出需要完成的任务清单列表，如表 6-1 所示。

表 6-1　项目任务清单

任 务 序 号	任 务 名 称	知 识 储 备
T6-1	创建宠物猫类	• 面向对象简介 • 类的概念及定义 • 成员函数的定义 • 构造函数的使用 • 对象的创建 • this 指针的应用

6.2　相　关　知　识

6.2.1　面向对象

1. 面向对象简介

面向对象的方法是从现实世界中客观存在的事物（即对象）出发来构造软件系统，并在系统构造中尽可能运用人类的自然思维方式，强调直接以问题域（现实世界）中的事物为中心来思考问题及认识问题，并根据这些事物的本质特点把它们抽象地表示为系统中的对象，作为系统的基本构成单位。这可以使系统直接地映射问题域，保持问题域中事物及其相互关系的本来面貌。

2. 对面向对象的理解

对面向对象可以有不同层次的理解。

从世界观的角度，可以认为面向对象的基本哲学是认为世界是由各种各样具有自己的运动规律和内部状态的对象所组成的；不同对象之间的相互作用和通信构成了完整的现实世界。因此，人们应当按照现实世界这个本来面貌来理解世界，直接通过对象及其相互关系来反映世界，这样建立起来的系统才能符合现实世界的本来面目。

从方法学的角度，可以认为面向对象的方法是面向对象的世界观在开发方法中的直接运用，它强调系统的结构应该直接与现实世界的结构相对应，应该围绕现实世界中的对象来构造系统，而不是围绕功能来构造系统。

3. 面向对象的特点

（1）信息隐藏和封装特性。封装是把方法和数据包围起来，数据的访问只能通过已定义的接口。面向对象设计始于这个基本概念，即现实世界可以被描绘成一系列完全自治、封装的对象，这些对象通过一种受保护的方式访问其他对象。

（2）继承。继承是一种类的层次模型，并且允许和鼓励类的重用，它提供了一种明确表述共性的方法。一个新类可以从现有的类中派生，这个过程称为类继承。新类继承了原始类的特性，新类称为原始类的派生类（子类），而原始类称为新类的基类（父类）。派生类可以从它的基类那里继承方法和数据成员，并且派生类可以修改或增加新的数据成员或函数使之更适合特殊的需要。

（3）组合特性。组合用于表示类的"整体/部分"关系，例如，主机、显示器、键盘、鼠标可以组合成一台计算机。

（4）动态特性。

① 抽象。抽象就是忽略一个主题中与当前目标无关的那些方面，以便更充分地注意与当前目标有关的方面。抽象并不打算了解全部问题，而只是选择其中的一部分，暂时不用其他部分细节。抽象包括两个方面：一是过程抽象，二是数据抽象。

② 多态性。多态性是指函数调用的多种形态，使得不同的对象完成同一件事时，可以根据不同条件，产生不同的动作和结果。多态性语言具有灵活、抽象、行为共享、代码共享的优势，很好地解决了应用程序函数的同名问题。

面向对象
基本知识

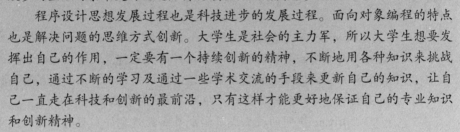

从直接开发到结构化方法，再到面向对象程序设计，编程思想的不断变革也带来新的技术解决软件危机带来的矛盾，面向对象的编程是一种更符合人类认知思维的解决问题的方式，软件结构越发独立，可重用性高。思维方式的不断发展和改变也带来科技创新的变革。科技是人类不断创新和探索的产物。人类的本质是追求进步和变革，正是因为科技的推动，人类才能够在众多的生活场景中更好地适应并扮演出他们的角色。

程序设计思想发展过程也是科技进步的发展过程。面向对象编程的特点也是解决问题的思维方式创新。大学生是社会的主力军，所以大学生想要发挥出自己的作用，一定要有一个持续创新的精神，不断地用各种知识来挑战自己，通过不断的学习及通过一些学术交流的手段来更新自己的知识，让自己一直走在科技和创新的最前沿，只有这样才能更好地保证自己的专业知识和创新精神。

6.2.2　类

1. 类的基本概念

生活当中具有共性的事物，我们通常都会概括成一类来进行描述。当我们提出某一类时，我们很容易地能够在头脑中闪现出这一类中的事物都会有什么样的特点，能够做什么样的事，这是人类的一种自然思维模式。用这种思维来编写程序，会更易理解和修改。面向对象就是这样一种方法，那么面向对象中的类是如何定义的呢？

类（class）是对具有共同特点和行为的一类事物的抽象描述。共同特点类似于生活中的同类事物所具有的特点或状态。例如，学生是一个类别，我们一般可以通过学号、姓名、性别、出生日期、民族这些特点来描述一个学生。面向对象方法中把这些特点称为数据成员。行为类似于生活中同类事物的行为或者功能特点。例如，学生可以有学习、娱乐、休息这些共同的行为特点，面向对象方法中把这些行为特点称为成员函数。行为特点也允许与别人有所不同，例如，有学生通过打球娱乐，有学生通过上网娱乐。

2. 类的定义

在面向对象的系统中，项目的处理就像现实生活一样，由完成不同任务、实现不同功能的一些对象协作进行，类是用于描述这些对象中性质相同的一组对象的数据结构、操作接口和操作方法的实现。

定义类的一般格式如下：

```
class 类名 {
    [private:]
    私有数据成员和成员函数
    protected:
    保护数据成员和成员函数
    public:
    公有数据成员和成员函数
};
```

类是一种复合的数据类型，类的结构（即类的组成）是用来确定一类对象的特点和行为的。特点用来描述类的静态特征，用来存储本类或此类对象所具有的数据，体现类或对象在某一时刻的某种状态，又称为数据成员；行为用来描述该类所具有的功能，用来实现对数据成员的运算和操作，体现为任务或功能的处理，用函数实现，又称为成员函数。成员函数的实现代码既可以写在类体之内，也可以写在类体的外部，但要求必须在类体内对函数成员进行声明。

说明

（1）public、private、protected 是访问控制符，用于限制数据成员和成员函数的可见性。

（2）public 声明的数据成员和成员函数可以被任何方法访问，这样的数据成员被称为公有成员，描述了对象对外的可见特点，根据数据抽象的原理，这个控制符用来声明数据成员不太合适，所以通常只用来声明成员函数，声明的成员函数构成对象的操作接口，即用来完成任务或处理功能。

（3）private 声明的数据成员和成员函数只允许本类的成员和友元访问，这样的数据成员被称为私有成员，描述了对象内部的特点，通常用来实现数据结构，也可以用来声明成员函数。不过由于其"私有"特性，用此控制符声明的成员函数在类的外部无法访问，所以也只能作为本类中其他函数的辅助。

（4）protected 声明的数据成员和成员函数允许本类和其子类的方法访问，这样的成员被称为保护成员，可见性介于 public 和 private 之间。

思政元素

类的封装及访问权限约束词的使用，在某种程度上出于对程序的安全考虑，不被其他类操作和调用。代码的安全也是软件工程的安全前提，软件的安全也是信息安全的基础。信息安全和网络安全与国家安全密不可分。随着科技的发展，社会的全球化和信息化正在加速，网络作为企业和国家信息存储和传输的媒介，其安全性直接关系到国家的生存和发展，因此保护软件的安全、信息的安全、网络安全、国家安全人人有责。

作为生活在网络时代的当代大学生，离不开信息环境，因此大学生需要加强网络安全意识，了解网络安全基础知识和防范措施，遵守网络安全法律法规，从而保护国家的信息安全。

例 6-1　定义一个简单的猫类。

```
class Cat {                //Cat 是类名
private:                   //定义数据成员
    string name;          //猫的名字
    int age;              //猫的年龄
    float weight;         //猫的体重
public:                   //声明成员函数
    void shout();         //猫发出叫声
    void eat();           //喂养
    void show();          //查看
    void play();          //玩耍
    void setMessage(string n,int a,float w);       //设置成员信息
};
```

这是一个简单的猫类定义，通过定义猫的名字、年龄、体重这三个变量来描述猫的特点和状态，通过定义喂养、查看、玩耍等成员函数来表示猫的动作行为。可以看出这个猫类和我们现实生活中的猫类似，有表示猫的特点和状态的数据成员，也可以通过定义的成员函数来实现猫的行为或者功能。

类的定义

3. 成员函数的定义

类的成员函数描述了类的行为，通过它实现了类的任务，或实现了对封闭数据的处理功能，是程序算法的实现部分，通常统一放在类定义后面，也可以在定义类的时直接实现。

定义类的成员函数一般格式如下：

```
返回值类型 类名::函数名（参数表）
{
    函数体
}
```

例 6-2　定义例 6-1 中 Cat 类的猫叫、吃东西、显示信息等成员函数。

成员函数
的创建

```
void Cat::shout() {
    cout << "喵喵喵——喵 " << endl;
}
void Cat::eat() {
    cout << "啊呜啊呜------" << endl;
    weight = weight + 0.2;
}
void Cat::show() {
    cout << name << "---" << age << "岁了，重" << weight << "公斤 " <<
endl;
}
void Cat::play() {
    cout << "玩耍—— 一会 " << endl;
}
```

在函数中我们可以看到直接使用了 Cat 类中的数据成员 name、age、weight，这是允许的。但需要注意的是，定义成员函数时要在所定义的成员函数之前加上类名加以限定，类名和成员函数名之间要加上作用域运算符 "::"。如果成员函数有返回值，那么还要注意这个

返回值类型应与函数声明时的返回值类型相匹配。

4. 类作用域

变量有变量的作用域，函数有函数的作用域，同样也需要了解一下类能够起作用的程序范围，即类的作用域。类是由数据成员和成员函数组成，所以类的数据成员和成员函数都从属于该类的作用域，在此作用域中，类数据成员可以直接由该类的所有函数访问，并可以通过它的名称进行引用；在此作用域外，类成员不可以直接使用名称进行引用。

在函数内定义的变量只能由该函数访问，也就是说函数中的变量是一个局部变量。如果函数内变量与类的数据成员同名，那么在此函数的作用域内，函数的局部变量会屏蔽类的数据成员。这种情况下如果想要访问被屏蔽的数据成员，可以使用关键字 this 和 -> 运算符。

如果 Cat 类这样定义：

```cpp
class Cat
{
    private:        //定义数据成员
    string name;
    int age;
    float weight;
    public:         //声明成员函数
    void shout();
    void eat();
    void show();
    void play();
    //setMessage()中的参数名称与本类数据成员同名
    void setMessage(string name,int age,float weight);
};
```

则其中的 setMessage() 方法可以定义如下：

```cpp
void Cat:: setMessage(string name,int age,float weight){
    this->name= name;
    this->age= age;
    this->weight= weight;
}
```

6.2.3 对象

我们通过对某种事物的特点和行为进行抽象得到一个类，可我们并不能用一个类去完成任务的处理，只有这个类中某个具体的事物才能去做事。就像学生类是一个类，具有学生的所有特点和行为，假设学生类具有阅读这种行为能力，但你无法让学生类去阅读一篇文章，你只能在学生类中指定一名具体的学生比如王红，让她去做这项工作，这名具体的学生王红被我们称为对象。类是抽象的，而对象是一个具有了类的特点和行为能力，并且在程序运行时真实存在的，真正用于完成任务处理的实体。

C++ 语言中，一个类的对象在程序中使用对象声明语句来声明，语法格式如下：

类名　　对象名；

例如，声明一个 Cat 类中的对象可以使用语句：

```
Cat c1;
```

其中，Cat 用来说明所声明对象的类型，c1 是所声明的猫类对象的名字或标识符，对象 c1 声明之后就具有了所有 Cat 类的特点和行为。数据成员在声明过程中进行了初始化，具有了确定的值，成为一个确定的实体，具有了完成与类功能相一致的能力，也就是说这个对象可以进行任务处理了。

面向对象程序设计中处理功能实质上就是通过对象的不断创建和消亡，以及对象之间的交互完成的。通常情况下，在系统运行之初，系统中不存在任何的对象，此后随着系统的运行，一个个对象被创建出来。为了完成处理功能，对象之间会有所交互，当一个对象完成其使命之后，就可能会被系统删除。

除了用上述方法进行对象定义之外，也可以在声明类的同时直接定义对象，在类定义后直接给出属于该类的对象名表。

```
class Cat {              //Cat 是类名
private:                 //定义数据成员
    string name;         //猫的名字
    int age = 0;         //猫的年龄
    float weight = 0;    //猫的体重
public:                  //声明成员函数
    void shout();        //猫发出叫声
    void eat();          //喂养
    void show();         //查看
    void play();         //玩耍
    void setMessage(string n,int a,float w);//设置成员信息
}c2;                     //定义类的同时定义对象
```

说明

（1）类声明时，只是做了一个类的说明而已，只是定义了一种生成具体对象的"模板"，因类并不接收和存储具体的值，只有通过类创建的对象才会获得系统所分配的存储空间。

（2）类声明时定义的对象是一种全局对象，直到整个程序运行结束，它一直存在，在它的生存周期内任何函数都可以使用它，不过这种使用可能只是在短时间内进行，那么它存在的其他时间就造成了浪费，使用时再定义对象的方法可以解决这种缺陷。

对象创建之后就可以使用对象的方法实现程序的处理功能了，语法格式如下：

对象名 . 成员函数名（参数表）；

例如，设置猫的名字为大黄，年龄为 2 岁，体重为 8.6 斤：

```
c1.setMessage(" 大黄 ",2,8.6);
```

如果是通过指向对象的指针访问，语法格式如下：

对象指针名 -> 成员函数名（参数表）；

例如，定义一个指针对象 p，再通过指针调用 show() 方法猫的信息：

```
Cat *p;                  //定义一个可以指向 Cat 类数据的指针
p=&c1;                   //p 指向 c1，这样就可以用 p 来访问 c1
p->show();               //与 c1.show()等价
```

6.2.4 构造函数和析构函数

对象创建之后主要通过两个地方来与其他对象相区别，一个是外在的区别对象名称，另一个区别就是对象自身数据成员的属性值，即数据成员的值。像声明变量时需要初始化一样，在声明对象的时候，也需要对相应的数据成员赋值，称为对象的初始化，对象初始化由特殊的成员函数来完成，这个成员函数称为构造函数。某些特定的对象使用结束时，还经常需要进行一些清理工作，也是由一个特殊的成员函数完成的，这个函数称为析构函数。

1. 构造函数

在 C++ 中定义了一种特殊的称为构造函数的初始化函数。当对象被声明或在堆栈中被分配时，这个函数被自动调用来完成对象的初始化。构造函数是一种特殊的成员函数，它的函数名与类名相同，没有返回值类型和返回值，它只做一件事，就是在对象初始化时给对象的数据成员赋初值。

构造函数的语法格式如下：

```
class 类名
{
public:
数据成员；
类名（形参表）；          //构造函数
...
};
类名::类名（形参表）
{
   数据成员初始化；        //函数体
}
```

例 6-3 Cat 类构造函数的简单应用。

```
#include <iostream>
#include <string>
using namespace std;
class Cat {
private:
    string name;      //猫的名字
    int age = 0;      //猫的年龄
    float weight = 0; //猫的体重
public:
    Cat() {};
    Cat(string n, int a, float w);
    void shout();     //猫发出叫声
```

```
    void eat();              //喂养
    void show();             //查看
    void play();             //玩耍
    void setMessage(string n,int a,float w);         //设置成员信息
};
Cat::Cat(string n, int a, float w) {
    //完成数据成员的初始化
    name = n;
    age = a;
    weight = w;
}
void Cat::shout() {
    cout << "喵喵喵——喵 " << endl;
}
void Cat::eat() {
    cout << "啊呜啊呜------" << endl;
    weight = weight + 0.2;
}
void Cat::show() {
    cout << name << "---" << age << "岁了，重" << weight << "斤" <<
    endl;
}
void Cat::play() {
    cout << "玩耍—— 一会" << endl;
}
void Cat:: setMessage(string n,int a,float w){
    name= n;
    age= a;
    weight=w;
}

int main() {
    Cat c1("大黄", 2, 8.6);    //调用构造函数创建对象c1
    c1.shout();
    c1.eat();
    c1.show();
    c1.play();
}
```

运行结果如图 6-1 所示。

图 6-1　例 6-3 的运行结果

Cat类的构造函数的函数名也为Cat。数据成员通常通过构造函数对其进行赋初值操作，完成对象的初始化。

构造函数
相关知识

（1）构造函数名必须与类名相同（包括大小写），否则编译程序将把它作为一般的成员函数进行处理。

（2）构造函数没有返回值，所以在声明和定义时不能说明它的类型。

（3）在实际应用中，通常情况下每个类都会有自己的构造函数，如果用户没有编写构造函数，编译系统将自动生成一个默认的构造函数。

（4）构造函数不能像其他函数那样被显示调用，它是在创建对象时被自动调用的。

2. 拷贝构造函数

拷贝构造函数是一种特殊的构造函数，它由编译器调用，使用已经存在的对象值来实例化另一个新的对象。它的唯一参数引用对象是const型的，是不可改变的。

在 C++ 中，一般在下面三种情况下调用拷贝构造函数。

（1）使用一个已存在的对象来实例化同类的另一个对象。

（2）在函数调用中，以值传递的方式传递类对象的拷贝。

（3）对象作为了函数的返回值。

在第一种情况下，由于初始化和赋值的意义不同，所以拷贝构造函数被调用。在后两种情况中，如果不使用拷贝构造函数，就会导致一个指针指向已经被删除的内存空间。

拷贝构造函数的语法格式如下：

```
class  类名
{
public:
类名（形参表）;            //构造函数
类名（类名&形参表）;        //拷贝构造函数
…
};
类名::类名（类名&对象名）
{
//函数体
}
```

事实上，拷贝构造函数是由普通构造函数和赋值操作共同实现的。

例 6-4 以猫类为例来看一下拷贝构造函数的用法。

```
#include <iostream>
#include <string>
using namespace std;
class Cat
{
private:
    string name;
    int age;
```

```
        float weight;
public:
    Cat(string n=" 某某 ", int a=2, float b=3.5);  //构造成函数
    void show();
    Cat(Cat& c1)    //拷贝构造函数的定义
    {
        name = c1.name;
        age = c1.age;
        weight = c1.weight;
    }
};
    Cat::Cat( string n,int a, float w)
    {
      name = n;
      age = a;
      weight = w;
    }
void Cat::show() {
    cout << name << "---" << age << "岁了,重" << weight << "斤" <<
    endl;
}
int main()
{
    Cat c1;
    c1.show();
    Cat c2("大黄", 2, 8.6);
    c2.show();
    Cat c3 = c2;
    c3.show();
    Cat c4(c3);
    c4.show();
}
```

运行结果如图 6-2 所示。

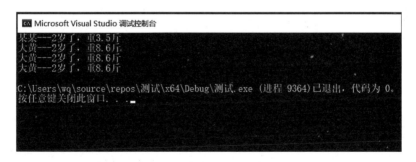

图 6-2　例 6-4 的运行结果

　　如果在类中没有显式地声明一个拷贝构造函数,那么编译器会自动创建一个函数来进行对象之间的拷贝,这个隐含的拷贝构造函数简单地关联了所有的类成员,这个隐式的拷贝构造函数和显式声明的拷贝构造函数在对于成员的关联方式的稍有不同。拷贝构造函数当对象传入函数的时候被隐式调用,拷贝构造函数在对象作为函数值被函数返回的时候也

同样的被调用。

3. 析构函数

析构函数与构造函数正好相反，是当对象脱离其作用域时，例如对象所在的函数已调用完毕，由系统自动执行析构函数，做"清理善后"的工作，例如在建立对象时用 new 开辟了一片内存空间，应在退出前在析构函数中用 delete 释放。

析构函数名字也应与类名相同，不过在函数名前面要加上一个破折号"~"，用于与构造函数相区别。析构函数不能带任何参数，也没有返回类型，而且每个类只能有一个析构函数，不能重载。如果用户没有编写析构函数，编译系统会自动生成一个默认的析构函数，该函数的函数体为空，不进行任何操作。

析构函数语法格式如下：

```
class  类名
{
public:
~类名（）; //析构函数
...
        };
类名::~类名（）
{
    //函数体
}
```

例 6-5 析构函数的简单应用。

```
#include <iostream>
#include <string>
using namespace std;
class Cat {
private:
    string name;         //猫的名字
    int age = 0;         //猫的年龄
    float weight = 0;    //猫的体重
public:
    Cat() {};
    Cat(string n, int a, float w);
    void shout();        //猫发出叫声
    void eat();          //喂养
    void show();         //查看
    void play();         //玩耍
    void setMessage(string n, int a, float w);//设置成员信息
    ~Cat();
    };
Cat::Cat(string n, int a, float w) {
    //完成数据成员的初始化
    name = n;
    age = a;
    weight = w;
}
```

```
void Cat::shout() {
    cout << "喵喵喵——喵 " << endl;
}
void Cat::eat() {
    cout << "啊呜啊呜------" << endl;
    weight = weight + 0.2;
}
void Cat::show() {
    cout << name << "---" << age << "岁了,重" << weight << "斤" <<
    endl;
}
void Cat::play() {
    cout << "玩耍—— 一会" << endl;
}
void Cat::setMessage(string n, int a, float w) {
    name = n;
    age = a;
    weight = w;
}
Cat::~Cat()
{
    cout << name << ":析构函数被调用" << endl;
}
int main() {
    Cat c1("大黄", 2, 8.6);    //构造函数的调用,创建对象 c1
    c1.shout();
    c1.eat();
    c1.show();
    c1.play();
}
```

运行结果如图 6-3 所示。

图 6-3　例 6-5 的运行结果

通常情况下,析构函数和构造函数一样由系统在对象撤销时自动调用,不过析构函数也可以同其他成员函数一样由对象进行显示调用。对于定义的非动态对象,当程序执行离开它的作用域时将自动被撤销;对于用 new 定义的动态对象,只有对其执行 delete 操作时才撤销,否则不会自动被撤销。由于撤销对象是在类外进行的,因此所定义的析构函数必须为公用成员函数。

析构函数
相关知识

6.2.5　this 指针

this 指针是一种隐含指针，隐含于每个类的成员函数中，是每个成员函数都具有的默认参数，也就是说每个成员函数都有一个 this 指针。this 指针通常在方法内部使用，表示对一个对象的引用，意味着此方法要对被引用的对象进行某种处理。this 指针指向该函数所属类的对象，因此对象也可以通过 this 指针来访问对它自己本身的一个引用，这个对自己引用的方法在编程过程中往往很有用。

成员函数使用 this 指针访问类中数据成员的一般格式如下：

```
this-> 成员变量
```

例 6-6　Cat 类当中的 setMessage 函数可以通过 this 指针实现，具体如下。

```cpp
#include <iostream>
#include <string>
using namespace std;
class Cat {
private:
    string name;          //猫的名字
    int age = 0;          //猫的年龄
    float weight = 0;     //猫的体重
public:
    Cat() {};
    Cat(string n, int a, float w);
    void shout();         //猫发出叫声
    void eat();           //喂养
    void show();          //查看
    void play();          //玩耍
    void setMessage(string n, int a, float w);      //设置成员信息
};
Cat::Cat(string n, int a, float w) {
    //完成数据成员的初始化
    name = n;
    age = a;
    weight = w;
}
void Cat::shout() {
    cout << " 喵喵喵——喵 " << endl;
}
void Cat::eat() {
    cout << " 啊呜啊呜------" << endl;
    weight = weight + 0.2;
}
void Cat::show() {
    cout << name << "---" << age << "岁了，重" << weight << "斤" <<
    endl;
}
void Cat::play() {
```

```
        cout << " 玩耍—— 一会 " << endl;
}
void Cat::setMessage(string n, int a, float w) {
    this-> name = n;
    this-> age = a;
    this-> weight = w;
}
int main() {
    Cat c1;          //调用构造函数创建对象 c1
    c1.setMessage(" 大黄 ", 2, 8.6);
    c1.show();
}
```

运行结果如图 6-4 所示。

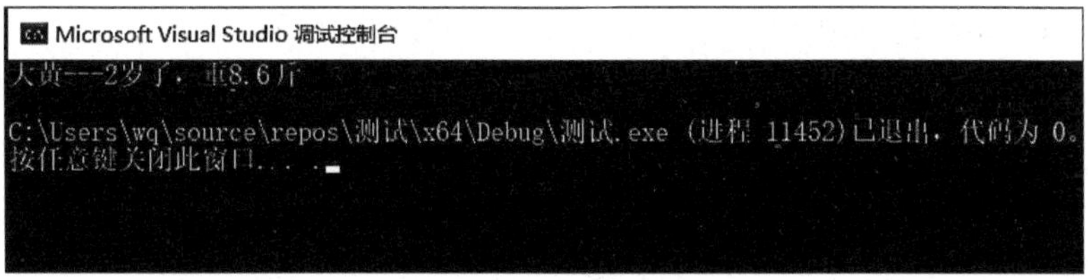

图 6-4　例 6-6 的运行结果

6.2.6　友元函数

类的主要特点之一就是数据封装隐藏，即类的私有成员只能在类内使用，也就是说只有类的成员函数才能访问类的私有成员，但是，有时在类的外部不可避免地要使用类的私有成员，友元函数就是为了这个目的而引出的。

友元函数是 C++ 中特有的，在其他面向对象的语言中没有，它的作用是使不在这个类中声明的成员函数能够访问这个类的对象的私有成员，实质上是破坏了对象的封装性，但是，有时需要在类的外部访问类的私有成员，所以友元函数也是必不可少的。

友元函数是指某些虽然不是类成员却能够访问类的所有成员的函数，类授予它的友元特别的访问权。它可以是一个普通的函数，也可以是其他类的成员函数，甚至可以是一个类。虽然它不是要访问类的成员函数，但是它的函数体内可以通过对象名访问类的私有和受保护成员。

在类定义中声明友元函数时，需要在相应函数前加上关键字 friend，此声明可以放在公有部分，也可以放在私有部分；友元函数可以定义在类的内部，也可以定义在类的外部。

友元函数的语法格式如下：

```
friend < 返回类型 > < 函数名 > (< 参数列表 >);
```

也可以把一个类定义成另一个类的友元，格式如下：

```
class c1;
class c2{
    …
```

```
        friend class c1;
    };
```

类 c1 是类 c2 的友元类，其中类 c1 中的所有成员函数均能访问类 c2 中的私有成员。

例 6-7 通过钟表类 Watch 同时显示日期和时间。

```cpp
#include <iostream>
using namespace std;
class Date;                          //类的提前引用声明
class Watch
{
private:
    int hour, minute, second;
public:
    Watch(int h, int m, int s);      //构造函数
    void display(Date& d);           //成员函数声明
};
Watch::Watch(int h, int m, int s)
{
    hour = h;
    minute = m;
    second = s;
}
class Date
{
private:
    int year, month, day;
public:
    Date(int y, int m, int d);
    friend void Watch::display(Date& d);
    //将 Watch 类的 display 成员函数声明为本类的友元函数
};
Date::Date(int y, int m, int d)
{
    year = y;
    month = m;
    day = d;
}
void Watch::display(Date& d)         //定义 Watch 类的成员函数
{
    cout << d.year << "年" << d.month << "月" << d.day << "日 ";
    cout << hour << ":" << minute << ":" << second << endl;
}
int main()
{
    Watch t1(8, 30, 26);
    Date d1(2023,3,22);
    t1.display(d1);
}
```

运行结果如图 6-5 所示。

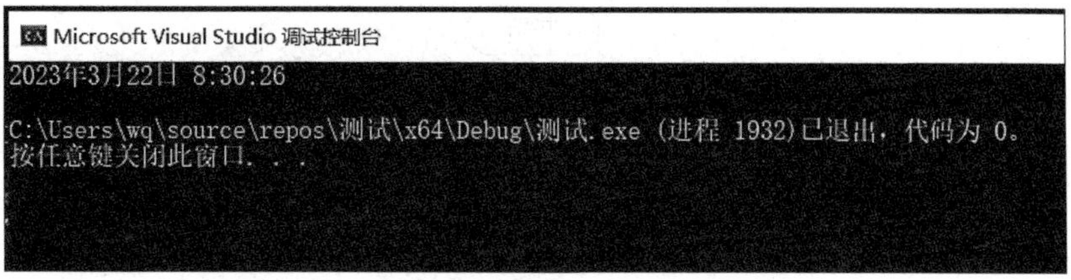

图 6-5   例 6-7 的运行结果

（1）Date 里的 year、month、day 是 private 成员，为了能在 Watch 类的 display 中完整显示日期和时间，因此在 Date 类中将 Watch 类的 display 成员函数声明为友元函数。

（2）说明友元函数时以关键字 friend 开头，后跟友元函数的函数原型。友元函数的说明可以出现在类的任何地方，包括在 private 和 public 部分。

（3）注意友元函数不是类的成员函数，所以友元函数的实现和普通函数一样，在实现时不用 "::" 指示属于哪个类，只有成员函数才使用 "::" 作用域符号。

（4）调用友元函数时，在实际参数中需要指出要访问的对象，因为友元函数不是类的成员，所以不能直接引用对象成员的名字，也不能通过 this 指针引用对象的成员，它必须通过作为入口参数传递进来的对象名或对象指针来引用该对象的成员。

（5）类与类之间的友元关系既不能继承，也不能传递。

6.3 项 目 实 现

该项目包含一个任务，任务序号是 T6-1，任务名称是"创建宠物猫类"，完成一个比较完善的宠物猫类的创建。

1. 需求分析

使用面向对象的方法建立宠物领养游戏系统，首先要学会建立一个类。比如创建一个宠物猫类，这个类应该包括猫所具备的基本特点和行为。本项目以猫宠物为类进行具体实现。

猫类中包含了猫的名字、年龄、大小、品种、毛色等属性，有发出叫声、喂养、查看、需要陪伴玩耍、给猫清理猫砂盆等行为。每种宠物养育的方式不同，因此每种宠物中都增加一个功能界面来辅助项目的实现。

2. 流程设计

该项目流程图如图 6-6 所示。

3. 代码编写

该项目的主要目标是让学生学会类的创建。首先声明一个 Cat 类，类中包括 Cat 猫的基本属性，并定义为成员变量，有名字、年龄、体重、品种、毛色等。另外包括猫类的行

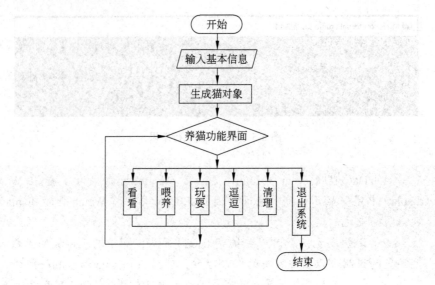

图 6-6　项目流程图

为函数、构造函数、析构函数等，编写主函数，创建具体对象，实现领养一个宠物猫的计划。

```cpp
#include <iostream>
#include <string>
using namespace std;
class Cat {
private:
    string name;            //猫的名字
    int age = 0;            //猫的年龄
    float weight = 0;       //猫的体重
    string kind;            //猫的品种
    string color;           //猫的毛色
public:
    Cat() {};
    Cat(string n, int a, float w, string k, string c);
    void shout();           //猫发出叫声
    void eat();             //喂养
    void show();            //查看
    void play();            //玩耍
    void clear();           //清洗猫砂盆
    ~Cat()                  //派生类中的析构函数
    {
        cout << "Cat 类的析构函数被执行 " << endl;
    }
    void func();            //养猫的操作界面
};
Cat::Cat(string n, int a, float w, string k, string c) {
    //完成数据成员的初始化
    name = n;
    age = a;
```

```
    weight = w;
    kind = k;
    color = c;
}
void Cat::shout() {
    cout << " 喵喵喵——喵 " << endl;
}
void Cat::eat() {
    cout << " 啊呜啊呜------" << endl;
    weight = weight + 0.2;
}
void Cat::show() {
    cout << name << "---" << age << " 岁了，重 " << weight << " 斤 " <<
    endl;
}
void Cat::play() {
    cout << " 玩耍——一会 " << endl;
}
void Cat::clear() {
    cout << " 清理一下 " << endl;
}
void Cat::func() {          //养猫的操作界面
    int n;
    bool flag = true;
    while (flag)
    {
        cout << endl << " ---------- 领养了一只小猫 ----------" << endl;
        cout << "\t 看看 ------------------1" << endl;
        cout << "\t 喂养 ------------------2" << endl;
        cout << "\t 玩耍 ------------------3" << endl;
        cout << "\t 逗逗 ------------------4" << endl;
        cout << "\t 清理 ------------------5" << endl;
        cout << "\t 退出系统 -------------6" << endl;
        cout << " 请输入选择：---" << endl;
        cin >> n;
        if (n < 1 || n > 7) {
            cout << " 请输入正确的选择 " << endl;
            continue;
        }
        else
        {
            switch (n) {
            case 1: show(); break;
            case 2: eat(); break;
            case 3: play(); break;
            case 4: shout(); break;
            case 5: clear(); break;
            case 6:  exit(0); break;
            }
```

```
            }
        }
    }

    int main()
    {
        cout << endl << " ------- 宠物养成计划 --- 嘻嘻嘻 ---------" << endl;
        cout << "\t---------- 养一只小猫 -----------" << endl;

            string n, k, c;
            int i;
            cout << "请输入名字：---" << endl;
            cin >> n;
            cout << "请输入年龄：---" << endl;
            cin >> i;
            cout << "请输入品种：---" << endl;
            cin >> k;
            cout << "请输入颜色：---" << endl;
            cin >> c;
            Cat c1(n, i, 6f, k, c);
            c1.func();
    }
```

4. 运行并测试

生成项目，领养一只小猫，输入信息，并选择功能，运行界面如图 6-7 和图 6-8 所示。

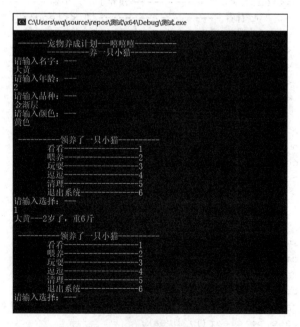

图 6-7　选择养猫运行界面

项目运行
过程

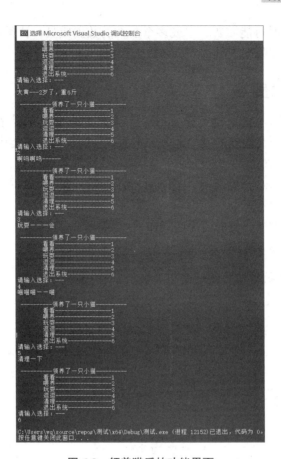

图 6-8　领养猫后的功能界面

小记录：

　　该项目所用方法与前面项目的最大区别是_____；在解决该项目时遇到的最大难题是什么？如何解决？_____

_____

_____

_____

大发现：

　　编译过程也出现了_____个问题，解决方法如下：

_____

_____

_____

6.4　知 识 拓 展

　　对象的数据成员可能是公有的或私有的，除了特别的友元函数外，只能是本对象中的 public 或 private 类函数可以访问，也就是说对象的数据成员，只在此对象的范围之内是有意义的。但是，有时可能需要一个或多个公共的数据成员，让类的所有对象可以共享，C++ 中可以通过静态的数据成员和成员函数来实现。

6.4.1　静态数据成员

定义静态的数据成员的关键字是 static。静态数据成员仅在程序开始执行时创建和初始化一次，初始化必须在类外的其他地方，不能在类中，因为在类中没办法给它分配内存空间。

一般在主函数 main() 开始之前，类声明之后的特殊地方为它提供定义和初始化，默认时静态成员被初始化为零。

类外初始化静态数据成员的语法格式如下：

　数据类型　类名∷静态数据成员 = 值；

例 6-8　通过静态数据成员统计学生人数。

```cpp
#include <iostream>
using namespace std;
class Student{
    static int sum;        //声明静态数据成员，用来统计学生的总数
    private:
    int sno;
    string name;
    string bj;
    public:
        Student(string na,string b);
        void print();
};
Student::Student(string na,string b)
{
        sum++;             //每创建一个学生对象，学生总数加1
        sno=sum;           //赋值为当前学生的学号
        name=na;
        bj=b;
}
void Student::print()
{
        cout<<"Student"<<sno<<"   ";
        cout<<"name"<<name<<"   ";
        cout<<"class"<<bj<<"   ";
        cout<<"sum="<<sum<<endl;
}
int Student::sum=0;        //给静态数据成员 sum 赋初值
int main()
{
    Student s1("张三","计算机网络");
    s1.print();
    Student s2("李四","计算机网络");
    Student s3("王五","计算机网络");
```

```
        s3.print();
        s2.print();
        s1.print();
}
```

运行结果如图 6-9 所示。

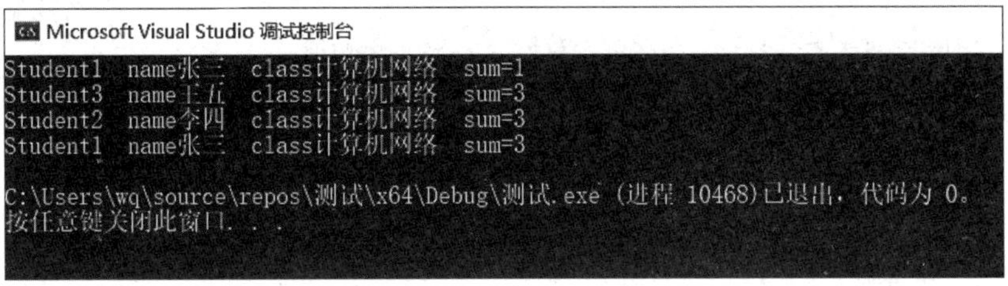

图 6-9　例 6-8 的运行结果

从这个例子可以看出，sum 是一个用于计数的静态数据成员，被所有的猫类对象所共享，每创建一个猫类对象，sum 值就加 1。计数的初始化工作放在了类定义之后及主方法之前。计数统计工作放在了构造函数中，每次创建猫类对象时系统都会自动调用构造函数，从而计数值加 1。从运行结果可以看出，所有对象的 sum 只有一个。

（1）静态数据成员属于类，也就是属于这个类的所有对象，而不是专属于某一对象的，因此可以使用"类名∷"方式访问静态的数据成员。

（2）静态数据成员和静态变量一样，是在编译时创建并初始化，在该类没有建立任何对象之前就已经存在了，在程序内部不依赖于任何对象被访问。

6.4.2　静态成员函数

定义静态成员函数的关键字也是 static。同样的静态成员函数也是属于整个类，可以被这个类的所有对象所共享，不专属于某一个对象。

静态成员函数是一个成员函数，因此不能像使用普通函数那样使用它，可以使用"类名∷"对它作限定，也可以通过对象进行调用。静态成员函数是静态的，不属于特定对象，静态成员函数通常用来处理静态数据成员或全局变量。

调用静态成员函数的方法如下：

　类名∷静态成员函数名();

例 6-9　在例 6-8 基础上用静态成员函数显示静态数据成员。

```
#include <iostream>
#include <string>
using namespace std;
class Student{
    static int sum;      //声明静态数据成员，用来统计学生的总数
    private:
    int sno;
```

```
        string name;
        string bj;
    public:
        Student(string na,string b);
        void print();
        static void showsum();
};
int Student::sum=0;      //给静态数据成员 sum 赋初值
Student::Student(string na,string b)
{
        sum++;            //每创建一个学生对象，学生总数加 1
        sno=sum;          //赋值为当前学生的学号
        name=na;
        bj=b;
}
void Student::print()
{
        cout<<"Student"<<sno<<"   ";
        cout<<"name"<<name<<"   ";
        cout<<"class"<<bj<<endl;
}
void Student::showsum()
{
    cout<<"sum="<<sum<<endl;
}
int main()
{
    Student s1("张三","计算机网络");
    Student s2("李四","计算机网络");
    Student s3("王五","计算机网络");
    s1.showsum();
    s2.showsum();
    Student::showsum();
}
```

运行结果如图 6-10 所示。

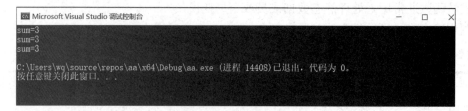

图 6-10　例 6-9 的运行结果

说明

（1）非静态成员函数可以访问静态数据成员和静态成员函数，但是静态成员函数不能访问非静态数据成员或非静态成员函数。

（2）该例中最后面的三条语句是等价的，其结果都是 sum=3。

```
s1.showsum();
s2.showsum();
Student::showsum();
```

6.4.3　new 和 delete 运算符

C++ 支持使用 new 和 delete 运算符动态分配和解除分配对象。这些运算符为来自称为"自由存储"（也称为"堆"）的池中的对象分配内存。new 运算符调用特殊函数 operator new，而 delete 运算符调用特殊函数 operator delete。

new 创建类对象的例子：

```
Cat* pTest = new Cat();
delete pTest;
```

其中 pTest 用来接收类对象指针。

不用 new，直接使用类定义声明：

```
Cat c1;
```

此种创建方式使用完后不需要手动释放，该类析构函数会自动执行。而 new 申请的对象则只有调用到 delete 时才会执行析构函数，如果程序退出而没有执行 delete，则会造成内存泄漏。

new 创建类对象与不使用 new 的区别如下。

（1）new 创建类对象需要指针接收，一处初始化，多处使用。

（2）new 创建类对象使用完需用 delete 销毁。

（3）new 创建对象直接使用堆空间，而局部不用 new 定义类对象时则使用栈空间。

（4）new 对象指针用途广泛，比如作为函数返回值、函数参数等。

（5）频繁调用场合并不适合 new，就像用 new 申请和释放内存一样。

6.5　项目改进

宠物领养游戏开始了，我们完成了一只小猫的领养，并且可以通过调用成员函数去喂养及陪小猫玩耍等。领养小猫的功能部分可以通过扩展知识让同学们做一下改进，比如：

（1）通过静态成员的使用来增加宠物发放的统计功能。

（2）丰富猫类的行为及其功能。

（3）丰富猫类养成功能界面。

你能想到的需要改进的其他问题是＿＿＿＿＿＿＿＿＿＿＿＿＿＿＿＿＿

＿＿＿＿＿＿＿＿＿＿＿＿＿＿＿＿＿＿＿＿＿＿＿＿＿＿＿＿＿＿＿＿＿

＿＿＿＿＿＿＿＿＿＿＿＿＿＿＿＿＿＿＿＿＿＿＿＿＿＿＿＿＿＿＿＿＿

＿＿＿＿＿＿＿＿＿＿＿＿＿＿＿＿＿＿＿＿＿＿＿＿＿＿＿＿＿＿＿＿＿

6.6 你 知 道 吗

1. 智慧健康养老与服务专业群

智慧健康养老与服务专业群是一个涵盖了医疗、护理、康复、健康管理等多个领域的专业群。该专业群致力于通过智能化技术的应用，提高老年人的生活质量和健康水平，为养老服务提供更加高效、便捷的服务。

在智慧健康养老与服务专业群中，大数据技术具有非常重要的作用和地位。以下是一些具体的例子：

（1）个性化养老服务。通过大数据分析老年人的健康状况、生活习惯、偏好等信息，可以为他们提供更加个性化的养老服务，包括饮食、运动、康复等方面的建议和服务。

（2）疾病预防和诊断。大数据技术可以帮助医生更准确地诊断老年人的疾病，并提供更加有效的治疗方案。同时，也可以通过分析大量的医疗数据，发现潜在的疾病风险因素，提前进行干预和预防。

（3）医疗资源优化。通过大数据技术对医院、医生、护士等医疗资源进行优化分配，可以提高医疗服务的效率和质量，减少资源浪费和重复使用。

（4）健康管理。大数据技术可以帮助老年人建立自己的健康档案，记录和管理自己的健康状况。同时，也可以通过分析大量的健康数据，发现潜在的健康问题，及时进行干预和预防。

大数据技术在智慧健康养老与服务专业群中具有非常重要的作用和地位，可以帮助提高老年人的生活质量和健康水平，促进智慧健康养老产业的发展。

2. 智能制造专业群

智能制造专业群是指以智能制造技术为核心，涵盖机械、电气、计算机、控制等多个专业领域的专业群体。云计算和大数据在智能制造专业群中具有非常重要的地位和作用。

云计算提供了强大的计算和存储能力，可以支持智能制造系统中大量的数据处理和分析。通过云计算平台，可以实现数据的实时采集、存储、处理和分析，从而帮助制造企业实现智能化生产和管理。

大数据技术可以帮助智能制造系统实现数据的挖掘和分析，从而发现潜在的商业机会和优化方案。通过对大量数据的分析，可以提高制造过程的效率和质量，降低成本，同时也可以为企业提供更多的商业价值和服务。

云计算和大数据还可以为智能制造系统提供安全保障。通过云计算平台的安全机制和权限管理，可以保证数据的安全性和隐私性；而大数据技术可以通过数据挖掘和分析来发现潜在的安全威胁和漏洞，从而及时采取措施加以解决。

云计算和大数据在智能制造专业群中具有非常重要的地位和作用，可以为企业提供更加智能化、高效化、安全化的制造解决方案。

想一想

1.什么是面向对象？面向对象的思想与面向过程相比有哪些优点？

2. 什么是构造函数？什么是拷贝构造函数？两者之间有什么关系？

3. 什么是友元函数？友元函数的主要作用是什么？它有什么缺点？

4. 下面关于类的叙述不正确的是（　　　）。

　　A. 类中定义构造函数，则编译器自动生成一个无参的默认构造函数

　　B. 若类中未定义析构函数，则编译器自动生成一个析构函数

　　C. 任何一个类均有构造函数和析构函数

　　D. 若类中未定义复制构造函数，则编译器自动生成一个拷贝构造函数

5. 下列关于对象描述不正确的是（　　　）。

　　A. 创建对象必须调用构造函数

　　B. 撤销对象必须调用析构函数

　　C. 对象不能访问类中私有数据成员

　　D. 对象不能访问类中受保护数据成员

6. 关于类的构造函数和析构函数描述不正确的是（　　　）。

　　A. 同一个类的析构函数可以有多个

　　B. 构造函数的名字与类名相同

　　C. 同一类的构造函数可有多个

　　D. 析构函数既没有参数，也没有返回值

做一做

使用面向对象的方法实现学生成绩管理系统。

要求：完成基本的学生成绩输入、输出，输出成绩最高的学生信息，统计不及格学生信息，根据学生的平均成绩设置学生的奖学金等级并输出。

 学生类为了完成成绩管理，需要具有各门课程成绩数据成员，除此之外还需要一个记录奖学金的数据成员，并根据学生的平均成绩按比例设置奖学金级别。

在线测试

扫描下方二维码，进行项目 6 在线测试。

项目 6 在线测试

项目 7
宠物领养游戏应用

知识目标：

（1）理解 C++ 中继承的实现方式。

（2）熟练掌握派生类中构造函数与析构函数的定义。

（3）认识多态的意义，了解重载与虚函数实现多态的区别。

（4）掌握函数重载实现多态的方法。

（5）掌握虚函数实现多态的方法。

技能目标：

（1）能够通过继承基类生成派生类，实现代码重用，提高编程效率。

（2）能够通过函数重载实现多态，提高代码灵活性。

（3）能够通过虚函数实现多态，提高代码的扩展性，以适应需求的不断变化。

素质目标：

（1）培养把现实世界中事物用计算机语言抽象描述成类的能力。

（2）培养把现实世界事物之间的联系通过计算机语言描述出来的能力。

思政目标：

（1）培养学生的创新思维和创新意识，引导学生开发创造性思维，让学生具备创新精神，形成独立自主、富有批判精神的思想意识。

（2）培养学生的创新能力和实践能力，充分调动学生认识与实践的主观能动性，增强学生对社会的了解，进而加强对社会的适应能力。

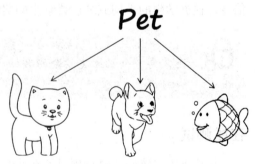

7.1 项 目 情 景

在项目 6 中独立完成了 Cat、Dog 类并进行了测试，但项目扩展性并不高，为了进一步扩展和优化，通过 Cat 和 Dog 抽象出基类 Pet，在基类基础上派生出具体的宠物类 Cat 和 Dog，今后软件公司有新的宠物投入领养游戏时，可通过基类 Pet 实现，提高了代码重用率，简化了具体宠物类的实现，具体的宠物类也可以不受限地增加个性化特性。

基于以上优化改进意见，项目经理列出如表 7-1 的任务清单。

表 7-1　项目 7 任务清单

任 务 序 号	任 务 名 称	知 识 储 备
T7-1	通过基类实现派生类 Cat、Dog	• 派生类的定义格式 • 继承方式 • 派生类中的构造方法 • 派生类中的析构方法

7.2　相　关　知　识

下面介绍继承与派生的知识。

继承是面向对象思想的三大特点之一，可以使程序设计人员在原有类的基础上很快建立一个新类，在很大程度上实现了程序代码的可重用性，让程序员不必从零开始编写所有类。宠物领养游戏中有大量的宠物需要进行定义，这些动物在大多数属性和行为上是类似的，本着代码重用的原则，这些属性和行为最好是可以只定义一次后被重复使用，继承与派生刚好适用于这种情况。

1. 基类与派生类

继承的例子在生活中比比皆是。如图 7-1 所示，动物类游戏中动物包括哺乳类、爬行类、鸟类等，哺乳类中有猫、狗，爬行类有乌龟和蜥蜴等，鸟类包括鸽子、鹦鹉、百灵鸟。猫、狗具有哺乳类动物的特性，哺乳类、爬行类、鸟类等又都具有动物的特性，这种关系是相对的，我们可以说哺乳类继承了动物类，猫类继承了哺乳类，猫类可以称为哺乳类的派生类（子类），哺乳类可以称为是猫类的基类（父类），其中哺乳类既是动物类的派生类，又是猫类的基类。

每一个类仅有一个基类，这种继承称为单继承。

动物类游戏种类继承关系图如图 7-1 所示。

生活中还有另外一种情况，一个新类的产生是在两个或两个以上基类的基础上派生出来的，如图 7-2 所示，这种继承关系称为多继承。

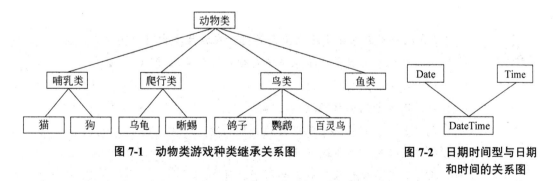

图 7-1　动物类游戏种类继承关系图　　　　图 7-2　日期时间型与日期和时间的关系图

2. 派生类的定义

单一继承派生类的定义格式如下。

```
class 派生类名：继承方式  基类名
{
      派生类新增加的数据成员
      派生类新增加的成员函数
};
```

例 7-1 以宠物类为基类派生出猫类。

```cpp
#include <iostream>
#include <string>
using namespace std;
class Pet {                    //定义基类宠物类
public:
    string name;              //动物的名字
    int age;                  //动物的年龄
    float weight;             //动物的大小
public:
    Pet();
    Pet(string n, int a, float w);
    void shout();             //动物发出叫声
    void eat();               //喂养
    void show();              //查看
};
class Cat : public Pet{            //定义派生类猫
private:
    string kind;              //品种是派生类中新增加的数据成员
    string color;             //毛色
public:
    Cat();
    Cat(string n, int a, float w, string k,string c);
    void play();              //玩耍是派生类中新增加的成员函数
    void clear();             //清洗猫砂盆
};
```

（1）在已有类的基础上派生出新类时，在派生类中可以实现如下功能。

①基类中已有的成员，派生类中无须定义可直接使用。

②可以增加新的数据成员。

③可以增加新的成员函数。

④允许重新定义基类中已经有的成员函数。

⑤能够改变现有成员的访问权限。

⑥派生类成员包括基类成员和新增成员。

（2）通过基类定义派生类时，在定义时需说明继承方式，继承方式有 public、protected 和 private 三种。

（3）构造函数和析构函数不能够继承。

继承是一种通过已有类获得新类的编程方法，通过已有事物发展出新事物的方法其实是一种创新。

那什么叫创新呢？创新是当今在我们国家出现频率非常高的一个词，同时，创新又是一个非常古老的词。在英文中，创新 Innovation 这个词起源于拉丁语。它原意有以下三层含义：更新，创造新的东西，改变。

创新思维是创新活动的前提，它是一种具有开创意义的思维活动，其中的延伸式思维是借助已有的知识，沿袭他人、前人的思维逻辑去探求未知的知识，将认识向前推移，从而丰富和完善原有知识体系的思维方式。它是以新颖独创的方法解决问题的思维过程，通过这种思维能突破常规思维的界限，以超常规甚至反常规的方法、视角去思考问题，提出与众不同的解决方案，从而产生新颖、独到、有社会意义的思维成果。

从基类到派生类借助了已有的数据成员和成员函数，扩展了新的数据成员和成员函数，提升了派生类的能力，让整个系统运转更灵活精准。

Cat 类中有哪些数据成员和成员函数？

在程序中输入 Cat::，可查看 Cat 类中的成员如图 7-3 所示。

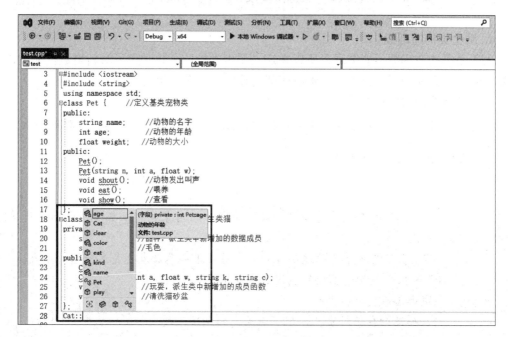

图 7-3　查看 Cat 类的可用成员

3. 继承方式

派生类继承了基类中除构造函数和析构函数之外的所有成员，但根据不同的继承方式，其成员在派生类的访问权限也相应地发生了变化，其继承方式与成员访问权限变化规则如表 7-2 所示。

表 7-2　继承方式与成员访问权限变化规则

在基类中的访问权限	继承方式	在派生类中的访问权限
private	public	private（不可使用）
protected		protected
public		public
private	protected	private（不可使用）
protected		protected
public		protected
private	private	private（不可使用）
protected		private
public		private

继承与派生

（1）private 成员仅在本类中可以使用。

（2）public 继承成员的访问权限不变。

（3）protected 继承可以使除 private 成员以外的其他成员的访问权限都变为 protected。

（4）private 继承成员的访问权限都变为 private。

4. 派生类构造函数

由于基类构造函数不能继承，所以在定义派生类构造函数时除了对新增数据成员进行初始化外，还必须调用基类的构造函数使基类数据成员得以初始化。

派生类构造函数格式如下：

派生类名（派生类构造函数总参数表）:基类构造函数（参数表 1），子对象名（参数表 2）
{
　　派生类新增数据成员初始化
}

（1）总参数表包括基类构造函数参数、子对象构造函数参数和派生类构造函数参数。

（2）在定义派生类构造函数时，参数表 1 和参数表 2 是参数名称列表。

（3）派生类构造函数的调用顺序如下。

①调用基类构造函数。

②如果存在子对象，调用子对象类的构造函数。

③调用派生类构造函数。

例 7-2 在例 7-1 派生类定义的基础上定义派生类 Cat 的构造函数，并完成类与方法的定义。

```cpp
#include <iostream>
#include <string>
using namespace std;
class Pet {                    //定义基类宠物类
public:
    string name;        //动物的名字
    int age;            //动物的年龄
    float weight;       //动物的大小
public:
    Pet();
    Pet(string n, int a, float w);    //基类的构造函数定义
    void shout();        //动物发出叫声
    void eat();          //喂养
    void show();         //查看
};
Pet::Pet(){}
Pet::Pet(string n, int a, float w) {
    //基类的构造函数，对基类中的数据成员进行初始化
    name=n;
    age=a;
    weight=w;
}
void Pet::shout() {
    cout << "呜呜呜------呜" << endl;
}
void Pet::eat() {
    cout << "啊呜啊呜------" << endl;
    weight=weight+0.2;
}
void Pet::show() {
    cout<<name << "---" << age << "岁了，重" << weight << "斤" << endl;
}
class Cat:public Pet {          //定义派生类猫
private:
    string kind;                //品种为派生类中新增加的数据成员
    string color;               //毛色
public:
    Cat();
    Cat(string n, int a, float w, string k, string c);
    void play();                //玩耍为派生类中新增加的成员函数
    void clear();               //清洗猫砂盆
};
Cat::Cat(){}
Cat::Cat(string n, int a, float w, string k, string c) :Pet(n, a, w) {
    //完成新增加数据成员的初始化
    kind=k;
    color=c;
```

```
    }
    void Cat::play() {
        cout << " 玩耍—— 一会 " << endl;
    }
    void Cat::clear() {
        cout << " 清理一下 " << endl;
    }
    int main()
    {
        Pet p(" 小灰灰 ", 1, 1.5);
        Cat c(" 小花 ", 1, 2, " 狸花 ", " 黄花 ");
        p.show();
        c.show();
    }
```

通过构造函数实例化宠物和猫，然后显示状态，运行结果如图 7-4 所示。

图 7-4　例 7-2 的运行结果

5. 派生类析构函数

析构函数和构造函数一样不能被继承，在派生类中定义析构函数的方法与在一般类（无继承关系）中的定义相同。

派生类中析构函数的调用顺序与构造函数相反。先调用派生类析构函数，如果存在子对象，调用子对象类的析构函数，最后调用基类的析构函数，如例 7-3 所示。

例 7-3　在例 7-2 派生类定义的基础上简单应用派生类 Cat 的析构函数。

```
#include <iostream>
#include <string>
using namespace std;
class Pet {                     //定义基类宠物类
public:
    string name;        //动物的名字
    int age;            //动物的年龄
    float weight;       //动物的大小
public:
    Pet(){};
    Pet(string n, int a, float w);              //基类的构造函数定义
    void shout();       //动物发出叫声
    void eat();         //喂养
    void show();        //查看
    ~Pet()              //基类中的析构函数
    {
        cout << " 基类 Pet 类析构函数被执行 " << endl;
```

```
    }
};
Pet::Pet(string n, int a, float w) {
    //基类的构造函数，对基类中的数据成员进行初始化
    name=n;
    age=a;
    weight=w;
}
void Pet::shout() {
    cout << "呜呜呜------呜" << endl;
}
void Pet::eat() {
    cout << "啊呜啊呜------" << endl;
    weight = weight + 0.2;
}
void Pet::show() {
    cout << name << "---" << age << "岁了，重" << weight << "斤" <<
    endl;
}
class Cat : public Pet {        //定义派生类猫
private:
    string kind;            //品种为派生类中新增加的数据成员
    string color;           //毛色
public:
    Cat();
    Cat(string n, int a, float w, string k, string c);
    void play();            //玩耍为派生类中新增加的成员函数
    void clear();           //清洗猫砂
    ~Cat()                  //派生类中的析构函数
    {
        cout << "派生类Cat类的析构函数被执行" << endl;
    }
};
Cat::Cat(){ }
Cat::Cat(string n, int a, float w, string k, string c) :Pet(n, a, w) {
    //完成新增加数据成员的初始化
    kind=k;
    color=c;
}
void Cat::play() {    cout << "玩耍—— 一会" << endl;    }
void Cat::clear() {    cout << "清理一下" << endl;        }
int main()
{
    Pet p("小灰灰", 1, 0.5);
    Cat c("小花", 1, 0.3, "狸花", "黄花");
    p.show();
    c.show();
}
```

析构函数简单应用的运行结果如图 7-5 所示。

派生类的构
造函数与析
构函数

图 7-5　例 7-3 的运行结果

7.3　项目实现

该项目包含一个任务，任务序号是 T7-1，任务名称是"通过基类实现派生类 Cat、Dog"。把项目 6 中 Cat 和 Dog 类抽象出的基本属性和行为实现为宠物的基类 Pet，通过基类创建两个派生类猫 Cat 和狗 Dog。

1. 需求分析

使用面向对象的方法建立宠物领养游戏系统，首先要建立一个所有宠物的基类，用于提供动物的基本属性和行为。在此基类的基础上可以创建猫、狗等具体宠物类，这些派生类继承了动物所应具备的基本属性和行为的同时，也可以继续定义自己的属性与行为。本项目以猫、狗两种宠物为类进行具体实现。

宠物基类中包含了动物的名字、年龄、大小，有发出叫声、喂养、查看这些行为。派生类猫中增加了品种属性 kind、毛色属性 color，需要陪伴玩耍及给猫清理猫砂盆；派生类狗中增加了血统属性 blood，需要遛弯及陪伴玩耍。每种宠物喂养的方式不同，因此每种宠物中都增加一个功能界面。

2. 流程设计

该项目流程设计如图 7-6 所示。

3. 代码编写

（1）通过 Cat 与 Dog 抽象出具有名字、年龄、大小等属性，能发出叫声，并能进行喂养及查看的基类 Pet。

```cpp
class Pet {                    //定义基类宠物类
public:
    string name;        //动物的名字
    int age;            //动物的年龄
    float weight;       //动物的大小
public:
    Pet();
    Pet(string n, int a, float w);              //基类构造函数的定义
    void shout();       //动物发出叫声
    void eat();         //喂养
    void show();        //查看
};
Pet::Pet() {}
Pet::Pet(string n,int a,float w){
```

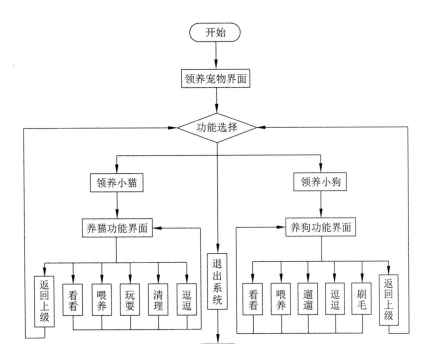

图 7-6 项目 7 的流程图

```
        name = n;
        age = a;
        weight = w;
}
void Pet::shout(){
        cout << " 呜呜呜 ------ 呜 " << endl;
}
void Pet::eat() {
        cout << " 啊呜啊呜 ------" << endl;
        weight = weight + 0.2;
}
void Pet::show() {
        cout << name<<"---"<<age<<" 岁了, 重 "<<weight<<" 斤 "<<endl;
}
```

（2）派生类中猫增加了品种、毛色属性，需要陪伴玩耍，给猫清理砂盆。派生类狗中增加了血统属性，需要遛弯，陪伴玩耍。为了操作方便，还在派生类中增加了一个操作界面，由于养猫和养狗是完全不同的，所以可以看出实现的代码也有区别。

基类 Pet 的动物叫声是"呜呜呜"，而派生类 Cat 却有自己特有的叫声"喵喵喵"，因此在派生类中编写一个同名函数 shout()。

这种基类与派生类中包含同名函数情况，调用派生类 Cat 中的同名函数时，程序执行的是派生类 Cat 中的同名函数，而不会执行基类 Pet 中的同名函数。基类 Pet 的同名函数被隐藏，派生类中没有办法访问到基类的同名函数，但是可以通过 Pet::shout() 的方式强制调用。

① 定义派生类 Cat。

```cpp
class Cat : public Pet {          //定义派生类猫
private:
    string kind;                  //品种为派生类中新增加的数据成员
    string color;                 //毛色
public:
    Cat() {};
    Cat(string n, int a, float w, string k, string c);
    void play();                  //玩耍为派生类中新增加的成员函数
    void clear();                 //清洗猫砂盆
    void shout();                 //重写基类中的方法
    void func();                  //养猫的操作界面
};
Cat::Cat(string n, int a, float w, string k, string c) :Pet(n, a, w) {
    //完成新增加数据成员的初始化
    kind = k;
    color = c;
}
void Cat::play() {
    cout << "玩耍—— 一会" << endl;
}
void Cat::clear() {
    cout << "清理一下" << endl;
}
void Cat::shout( ) {
    cout << "喵喵喵——喵" << endl;
}
void Cat::func() {                //养猫的操作界面
    int n;
    bool flag = true;
    while (flag)
    {
        cout << endl << " ---------- 养一只猫 --- 嘻嘻嘻 ----------" << endl;
        cout << "\t看看 ------------------1" << endl;
        cout << "\t喂养 ------------------2" << endl;
        cout << "\t玩耍 ------------------3" << endl;
        cout << "\t逗逗 ------------------4" << endl;
        cout << "\t清理 ------------------5" << endl;
        cout << "\t返回上级 -------------6" << endl;
        cout << "请输入选择: ---" << endl;
        cin >> n;
        if (1 > n || n > 7) {
            cout << "请输入正确的选择" << endl;
            continue;
        }
        else
        {
            switch (n) {
            case 1: show(); break;
```

```
            case 2: eat(); break;
            case 3: play(); break;
            case 4: shout(); break;
            case 5: clear(); break;
            case 6: flag = false;
            }
        }
    }
}
```

Cat 类的数据成员共 5 个，其中 3 个是从 Pet 继承来的，2 个是自己新增加的。
② 定义派生类 Dog。

```
class Dog:public Pet {
private:
    string blood;          //血统
public:
    Dog() {};
    Dog(string n, int a, float w, string b);
    void walk();           //遛一遛
    void brushing();       //刷刷毛
    void shout();          //重写基类中的方法
    void func();           //养狗的操作界面
};
Dog::Dog(string n, int a, float w, string b) :Pet(n, a, w) {
    blood = b;
}
void Dog::walk() {
    cout << "遛一遛———一 " << endl;


}
void Dog::brushing() {
    cout << "洗 -- 刷刷——" << endl;
}
void Dog::shout() {
    cout << "汪汪汪——汪 " << endl;
}
void Dog::func() {         //养狗的操作界面
    int n;
    bool flag = true;
    while (flag)
    {
        cout << endl << " --------- 养一只狗狗 --- 嘻嘻嘻 ---------" <<
        endl;
        cout << "\t 看看 ------------------1" << endl;
        cout << "\t 喂养 ------------------2" << endl;
        cout << "\t 遛遛 ------------------3" << endl;
        cout << "\t 逗逗 ------------------4" << endl;
        cout << "\t 刷毛 ------------------5" << endl;
        cout << "\t 返回上级 --------------6" << endl;
        cout << " 请输入选择: ---" << endl;
```

```
        cin >> n;
        if (1 > n || n > 7) {
            cout << " 请输入正确的选择 " << endl;
            continue;
        }
        else
        {
        switch (n) {
            case 1: show(); break;
            case 2: eat(); break;
            case 3: walk(); break;
            case 4: shout(); break;
            case 5: brushing(); break;
            case 6: flag = false;
            }
        }
    }
}
```

有了 Pet 类，我们设计 Cat 和 Dog 类就节省了不少力气，其中 3 个数据成员和 2 个成员函数省去了定义和实现过程。

由于构造函数不能继承，所以其编写有些复杂。构造函数最主要的任务是完成类中数据成员的初始化，这样才能产生一个真实的对象。计算机将通过执行 Pet 类的构造成函数和 Cat 类的构造函数创建一个具体的 Cat 对象。

① 由于用到 string 类型，要使用 #include <string>。

```
#include <iostream>
#include <string>
using namespace std;
```

② 以上类的定义与成员函数的定义建议存放在一个头文件中，如 pet.h，pet.h，但也要使用正确的文件引用。

（3）编写主函数，让生成的对象动起来。

```
#include <iostream>
#include <string>
#include "pet.h"
using namespace std;
int main()
{
    int n;
    do{
        cout << endl << " ------- 宠物养成计划 --- 嘻嘻嘻 ----------" << endl;
        cout << "\t 养一只小猫? ----------1" << endl;
        cout << "\t 养一只小狗? ---------2" << endl;
        cout << "\t 退出系统 --------------3" << endl;
        cout << " 请输入选择: ---" << endl;
```

```cpp
        cin >> n;
        if (1 >= n || n < 4) {
            switch (n) {
            case 1: {
                string n, k, c;
                int i;
                cout << "请输入名字：---" << endl;
                cin >> n;
                cout << "请输入年龄：---" << endl;
                cin >> i;
                cout << "请输入品种：---" << endl;
                cin >> k;
                cout << "请输入颜色：---" << endl;
                cin >> c;
                Cat c1(n,i,1f,k,c);              //猫默认重量为 1 斤
                c1.func();
                break;
            }
            case 2:{
                string n, b;
                int i;
                cout << "请输入名字：---" << endl;
                cin >> n;
                cout << "请输入年龄：---" << endl;
                cin >> i;
                cout << "请输入血统：---" << endl;
                cin >> b;
                Dog d1(n, i, 1.2f, b);          //狗默认重量为 1.2 斤
                d1.func();
                break;
            }
            case 3:cout << "感谢你参加 --- 宠物养成计划 --- 嘻嘻嘻 ----" << endl;
                exit(0); break;
            }
        }
        else
        {
            cout << "请输入正确的选择 " << endl;
            continue;
        }
    } while (true);
}
```

4. 运行并测试

宠物领养游戏运行时，可以选择养猫或者养狗，每种宠物的养成过程中有看看、喂养、玩耍等行为可以选择。下面分别从养猫和养狗两种情况进行运行测试。

（1）在主菜单中选择"养猫"，输入名字小花，年龄为 1 岁，品种为锂花，花色为黄花，并测试看看、喂养、玩耍等行为。运行结果如图 7-7 所示。

（2）在主菜单中选择"养狗"，输入名字小白，年龄为 2 岁，血统为柯基，并测试看看、喂养、遛遛等行为，运行结果如图 7-8 所示。

项目演示

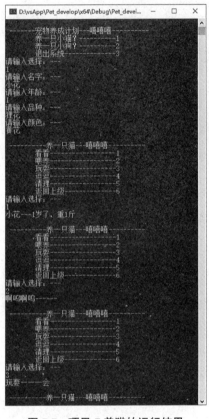

图 7-7　项目 7 养猫的运行结果

图 7-8　项目 7 养狗的运行结果

小记录：

在解决这个问题的过程中遇到的最大的难题是什么？你是如何解决的？

_____

_____

_____

大发现：

_____

_____

7.4　知 识 拓 展

7.4.1　多继承

多继承是单继承的扩展。在多继承中派生类是由两个或两个以上的基类派生出来的。

派生类与每一个基类的关系仍可看作是一种单继承。

1. 多继承派生类的定义

定义格式如下：

```
class    派生类名:继承方式 1  基类 1,继承方式 2  基类 2
{
    派生类新增数据成员和成员函数
};
```

（1）此格式说明为 2 个基类，实际应用可扩展到 n（n>2）个。

（2）继承方式同单一继承，有三种：public、protected、private。

（3）构造函数、析构函数不能继承。

2. 多继承派生类构造函数的定义

定义格式如下：

```
派生类名（派生类构造函数总参数表）:基类构造函数 1（参数表 1）,基类构造函数 2（参数表 2）,
子对象名（参数表 3）
{
    派生类新增数据成员初始化
}
```

（1）此格式说明为 2 个基类，实际应用可扩展到 n（n>2）个。

（2）与单一继承的不同点是增加了"基类构造函数 2（参数表 2）"，用以完成对另外一个基类的初始化。

（3）构造函数的执行顺序如下。

① 各基类构造函数的执行顺序由定义派生类时基类的顺序决定。

② 如果存在子对象，则执行子对象构造函数。

③ 执行派生类构造函数。

例 7-4　定义日期时间类并由日期类与时间类派生，使用构造函数完成数据成员的初始化。

（1）定义基类日期类 date.h。

```
using namespace std;
class Date
{
public:
    int year;
    int month;
    int day;
public:
    Date(int y,int m,int d);
    void showDate();
};
Date::Date(int y,int m,int d)
```

```
{
    year=y;
    month=m;
    day=d;
}
void Date::showDate()
{
    cout<<year<<" 年 "<<month<<" 月 "<<day<<" 日 "<<endl;
}
```

（2）定义基类时间类 time.h。

```
using namespace std;
class Time
{
public:
    int hour;
    int minute;
    int second;
public:
    Time(int h,int m,int s);
    void showTime();
};
//添加成员方法的定义
Time::Time(int h,int m,int s)
{
    hour=h;
    minute=m;
    second=s;
}
void Time::showTime()
{
    cout<<hour<<" 时 "<<minute<<" 分 "<<second<<" 秒 "<<endl;
}
```

（3）定义派生类日期时间类 datetime.h。

```
#include "date.h"
#include "time.h"
class DateTime : public Date,public Time
{
//添加新的数据成员
//添加新的成员方法
public:
    DateTime(int y,int m,int d,int h,int mi,int s) :Date(y,m,d),
    Time(h,mi,s) {}
    void showDateTime();
};
void DateTime::showDateTime()
{
    showDate();
```

```
    showTime();
}
```

（4）编写主函数 test.cpp，让生成对象动起来。

```
#include <iostream>
#include "datetime.h"
using namespace std;
int main()
{
    DateTime d(2011,3,30,8,27,30);
    d.showDateTime();
}
```

（1）派生类 DateTime 的定义如下：

```
class DateTime : public  Date, public Time
{};
```

基类在派生类定义时出现的顺序决定了构造函数调用时的执行顺序。例如，派生类 DateTime 定义时基类出现的顺序是先 Date 后 Time，这决定了在构造函数调用时要先执行 Date 类的构造函数，再执行 Time 类的构造函数。

（2）每个基类都有自己的派生方式，Date 和 Time 虽然具有相同的 public 派生方式，但 public 均不能省略。

（3）派生类 DateTime 构造函数的定义如下：

```
DateTime(int y,int m,int d,int h,int mi,int s)  :Date(y,m,d),
Time(h,mi,s)
{
...
}
```

该构造函数中有 6 个参数，y、m、d 用来初始化 Date 中的数据成员，h、mi、s 用来初始化 Time 中的数据成员。该派生类没有新增数据成员。

7.4.2　二义性

在继承关系中，一个派生类的成员包括了它的所有基类的成员（除构造函数与析构函数），在这个新成立的大家庭（派生类）中就有可能出现同名成员的现象（如两个人的名字都是 Rose）。当我们叫 Rose 时，等待我们的是两个 Rose，这种访问的不唯一性和不确定性在 C++ 中称为二义性。那么在家庭之中（派生类内）或在家庭之外（派生类外）我们如何区分他们，以解决二义性呢？

二义性归根结底是多继承中同名成员导致的，一般有以下几种情况。

（1）基类中存在同名成员。

```
class A
{
```

```
protected:
    int   Rose;
public:
    A(int a){ Rose=a; }
        ...
};
class B
{
protected:
    int Rose;
public:
    B(int a){ Rose=a; }
        ...
};
class C: public  A, public  B          //公有继承 A 和 B
{
    int   y;
public:
    void SetRose(int a) {  Rose=a; }
        ...
};
```

在基类 A、B 中都存在一个名为 Rose 的成员属性，根据继承关系派生类 C 中也会有 Rose 这个成员属性，那么在派生类 C 中访问 Rose 时，访问的是 A 的 Rose 还是 B 的 Rose 呢？无法确定 Rose 是 A 的还是 B 的时，就出现了二义性。

解决此类二义性的方法是在成员的前面加上类名，用以唯一确定该成员。在类 C 中我们可以这样访问 Rose。

```
class C: public A, public B            //公有继承 A 和 B
{
    int   y;
public:
    void SetRose(int a) {
        A::Rose=a;
    }
        ...
};
```

或

```
class C: public A, public B            //公有继承 A 和 B
{
    int   y;
public:
    void SetRose(int a) {
        B::Rose=a;
    }
        ...
};
```

或

```
class C: public A, public B    //公有继承A和B
{
    int  y;
public:
    void SetARose(int a) {
        A::Rose=a;
    }
    void SetBRose(int a) {
        B::Rose=a;
    }
        ...
};
```

思考　目前派生类 C 中有几个成员？分别是什么？

（2）基类与派生类出现同名成员。当基类和派生类出现同名成员时，默认情况下访问的是派生类中的成员。要访问基类中成员，可以通过加类名方式来访问。

```
class A
{
protected:
    int Rose;
public:
    A(int a){
        Rose=a;
    }
        ...
};
class B: public A
{
    int Rose;
public:
    void SetRose(int a) {
        Rose=a;
    }
        ...
};
```

派生类 B 的成员方法 SetRose() 中访问的 Rose 在默认情况下指的是派生类 B 中新增加的成员 Rose。若要访问基类 A 中的 Rose，需要加上类名限定，即 A::Rose。

（3）访问公共基类的成员时可能出现二义性。

```
class A
{
public:
```

```
        int Rose;
public:
    A(int a){
        Rose=a;
    }
        ...
};
class B1: public A
{};
class B2: public A
{};
class C: public B1,public B2
{
    int y;
public:
    void SetRose(int a) {
        Rose=a;
    }
        ...
};
```

这种情况一般出现在三层继承关系中，作为派生类 B1 从基类 A 中继承了 Rose 成员，B2 也从基类 A 继承了 Rose 成员，而 B1 和 B2 同时为 C 的基类，C 从 B1 和 B2 中分别继承了 Rose 成员。当派生类 C 中访问 Rose 时，无法确定是访问 B1 的 Rose 还是 B2 的 Rose，出现了二义性。这种情况也可以通过在 Rose 前加类名的方式进行限定，即 B1::Rose 和 B2::Rose。

思考

B1 中的 Rose 与 B2 中的 Rose 是否相同？在派生类中，Rose 成员有几个？
类 A 是派生类 C 两条继承路径上的一个公共基类，通常这种公共基类中的成员会在派生类中产生两份基类成员。
如果要使这个公共基类在派生类中只产生一份基类成员，则需要将这个基类设置为虚基类。

7.4.3 虚基类

对于访问公共基类的成员时可能出现二义性问题，上面给出了加类名作限制的解决方案，可实际上不管是 B1 里的 Rose 还是 B2 里的 Rose，都是源于 A 类的。这种情况下要解决二义性问题，可以使用虚基类，使公共基类中的成员在其派生类中只产生一份基类成员。

虚基类说明格式如下：

```
virtual  <继承方式>  <基类名>
```

例 7-5 虚基类的简单应用。

```
#include <iostream>
```

```
using namespace std;
class A
{
public:
    int Rose;                       //公共基类中的 Rose
    void SetRose(int a)
    {
        Rose=a;
    }
    int GetRose()
    {
        return Rose;
    }
};
class B1:virtual  public  A         //A 为 B1 的虚基类
{};
class B2:virtual  public  A         //A 为 B2 的虚基类
{};
class C:public  B1,public  B2       //C 由 B1、B2 派生
{
    int y;
public:
    void Sety(int a)
    {
        y=a;
    }
    int Gety()
    {
        return y;
    }
    void SetRose(int a)
    {
        Rose=a;                     //虚基类解决了 Rose 的二义性问题
    }
    int GetRose()
    {
        return Rose;                //虚基类解决了 Rose 的二义性问题
    }
};
int main()
{
    A a;
    a.SetRose(20);
    cout<<a.GetRose()<<endl;
    C c;
    c.Sety(30);
    cout<<c.Gety()<<endl;
```

```
        c.SetRose(40);
//基类与派生类中都有SetRose()方法，默认情况下访问派生类中的SetRose()方法
        cout<<c.GetRose()<<endl;              //访问派生类中的GetRose()方法
}
```

通过虚基类的继承方式，使派生类 C 中只存在一个 Rose 成员属性。

虚基类运行结果如图 7-9 所示。

该应用中四个类的关系层次如图 7-10 所示。

多继承与
二义性

图 7-9　虚基类运行结果

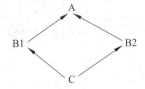

图 7-10　例 7-5 中类的关系层次图

试一试：将 virtual 关键字去掉，再编译程序，结果如何？

7.4.4　多态性

面向对象的三大特点是封装、继承与多态性。多态性是生活中普遍存在的一种现象。在 C++ 中多态性是指不同对象应对同一件事时不同条件下的灵活处理能力，即不同的对象收到相同的处理消息时，根据条件产生不同的动作和结果。

C++ 的多态性具体体现在编译和运行两个方面。程序编译时多态性体现在函数和运算符的重载上，也称为静态多态，而在程序运行时的多态性通过继承和虚函数来体现，也称为动态多态。

思政元素

在一个问题面前，要尽量提出多种设想，设计多种解决方案，扩大选择余地，灵活地面对变换影响事物质和量的某种因素，从而保证问题能得到正确的解决。

创造性思维不受传统的单一思想观念的限制，培养自身的创造性思维的多向性，让思路开阔，从全方位提出问题，提出更多的设想和答案。思路若受阻，遇有难题，能灵活变换某种因素，从新角度去思考，调整思路，善于巧妙地转变思维方向，产生合适的新办法。

在我们的学习、工作和生活中，要有意识地多去关注客观事物的特殊性，不要拘泥于常规，不轻信权威，以怀疑和批判的态度对待一切事物和现象，勇于实践及创新，从不同的角度找寻解决问题的方法，从而找出解决问题的最佳答案。

1. 函数重载

在 C++ 语言中，如果在声明函数原型时形式参数的个数或者对应位置的类型不同，两个或更多的函数就可以共用一个名字。这种在同一作用域中允许多个函数使用同一函数

名的措施被称为重载（overloading）。函数重载是 C++ 程序获得多态性的途径之一。

（1）函数重载的方法。

函数重载的方法包括：①函数名字相同；②函数形式参数个数不同；③或函数的参数类型不同。

例 7-6　给出以下程序的运行结果。

```cpp
int square(int x)
{
    return x*x;
}
double square(double y)
{
    return y*y;
}
int main()
{
    cout<<square(2)<<endl;
    cout<<square(1.5)<<endl;
    return 0;
}
```

运行结果如下：

```
4
2.25
```

（1）函数 int square(int x) 和函数 double square(double y) 名称相同，参数个数相同，但参数类型不同，实现了函数重载。

（2）执行 square(2) 时，根据实参 int 类型调用函数 int square(int x)。

（3）执行 square(1.5) 时，根据实参 double 类型调用函数 double square (double y)。

例 7-7　实现求圆和矩形的周长。

```cpp
#include <iostream>
using namespace std;
#define PI 3.14
double length(float r)                //用该函数求圆的周长
{
    return 2 * PI*r;
}
double length(float x, float y)       //用该函数求矩形的周长
{
    return 2 * (x + y);
}
int main()
{
```

```
float a, b, r;
cout << "输入圆半径："；
cin >> r;
cout << "圆周长：" << length(r) << endl;
cout << "输入矩形长和宽："；
cin >> a >> b;
cout << "矩形周长：" << length(a, b) << endl;
}
```

（1）函数 double length(float r) 和函数 double length(float x,float y) 名称相同，但参数个数不同，实现函数重载。

（2）执行 length(r) 时，根据实参个数为 1 调用函数 double length(float r)。

（3）执行 length(a,b) 时，根据实参个数为 2 调用函数 double length(float x, float y)。

判断以下两组函数是否能正确地实现函数重载。

```
（1）void print(int a);
     void print(int a,int b);
     int print(float a[]);
（2）int f(int a);
     double f(int a);
```

2. 基类指针

指向基类和派生类的指针是相关的。在例 7-1 中由基类 Pet 派生出类 Cat。如果有如下语句：

```
Pet * p;            //指向类型 Pet 的对象的指针
Pet Pet_obj;        //类型 Pet 的对象
Cat Cat _obj;       //类型 Cat 的对象
p = & Pet_obj;      //p 指向类型 Pet 的对象
```

基类 Pet 类的指针 p 可以指向其派生类，即可以执行如下语句：

```
p = & Cat _obj; //p 指向类型 Cat 的对象，它是 Pet 的派生类
```

利用 p 可以访问 Cat_obj 对象中所有从 Pet_obj 继承的元素，但不能用 p 访问 Cat_obj 派生后增加的自身特定的元素（除非用了显式类型转换）。

（1）可以用一个指向基类的指针指向其公有派生类的对象，但却不能用指向派生类的指针指向一个基类对象。

（2）希望用基类指针访问其公有派生类的特定成员，必须将基类指针用显式类型转换为派生类指针。例如：

```
((Cat  *)p) -> clear();
```

（3）一个指向基类的指针可用来指向从基类公有派生的任何对象，这一事实非常重要，它是 C++ 实现运行时多态性的关键途径。

3. 虚函数

在项目 7 的实现中发现，与派生类 Cat 同名的基类函数 shout()，在派生类中因被隐藏而无法访问。虚函数是在基类中冠以关键字 virtual 的成员函数，它为某种行为提供了一种公共的操作界面，可以在一个或多个派生类中被重定义。在基类和派生类中这个同名函数可以有不同的代码具体地实现这种行为，系统运行时，通过引用的对象类型决定哪一个同名函数被调用，这也是多态的一种重要形式。通过基类指针调用时，虽然调用语句格式相同，实际上调用的却是不同的同名函数，也就是说对象的行为虽然一致，实现这个行为的具体动作却是不一样的。

例 7-8　项目 7 代码中同名函数的优化

```cpp
#include <iostream>
using namespace std;
class Pet{
public:
    virtual void shout()
    {
        cout << "呜呜呜------呜" << endl;          //动物的声音
    }
};
class Cat :public Pet
{
public:
    void shout()
    {
        cout << "小猫----喵喵喵——喵" << endl;      //小猫的声音
    }
};
class Dog :public Pet
{
public:
    void shout()
    {
        cout << "小狗----汪汪汪——汪" << endl;      //小狗的声音
    }
};
int main()
{
    Pet  * p, f;
    Cat c;
    Dog d;
    p = &f;
    p->shout();
```

```
    p = &c;
    p->shout();
    p = &d;
    p->shout();
}
```

运行结果如图 7-11 所示。

```
12   class Cat :public Pet
13   {
14   public:
15       void shout()
16       {
17           cout << "小猫——喵喵喵——喵" << endl;      //小猫的声音
18       }
19   };
20   class Dog :public Pet
21   {
22   public:
23       void shout()
24       {
25           cout << "小狗——汪汪汪——汪" << endl;      //小狗的声音
26       }
27   };
28   int main()
29   {
30       Pet* p, f;
31       Cat c;
32       Dog d;
33       p = &f;
34       p->shout();
35       p = &c;
36       p->shout();
37       p = &d;
38       p->shout();
39   }
```

```
Microsoft Visual Studio 调试控制台                              —   □   ×

呜呜呜——呜
小猫——喵喵喵——喵
小狗——汪汪汪——汪

D:\vsApp\test\x64\Debug\test.exe (进程 10868)已退出，代码为 0。
按任意键关闭此窗口. . .
```

图 7-11　例 7-8 的运行结果

从运行结果可以看出基类宠物对象 f、派生类猫对象 c、狗对象 d 都能发出叫声，代码里也都是通过基类指针访问的发出叫声这一行为，可实际上运行时这三个对象发出的叫声却是不一样的，这就是虚函数实现的动态多态。

（1）基类中 shout() 函数前加上 virtual，则该函数为虚函数。

（2）基类 Pet 中的 shout() 函数在派生中进行重新定义。

（3）指向基类的指针 p 可以指向其派生类。

（4）指针 p 所指对象不同，则会调用不同版本的 shout() 函数，此时就实现了运行时的多态性，这种机制的实现依赖于在基类中把成员函数 shout() 说明为虚函数。

一旦一个函数在基类中第一次声明时使用了 virtual 关键字，那么，当派生类重新定义该成员函数时，无论是否使用了 virtual 关键字，该成员函数都将被看作一个虚函数。

（1）在派生类重定义虚函数时必须有相同的函数原型，包括返回类型、函数名、参数个数、参数类型的顺序都必须相同。

（2）虚函数必须是类的成员函数。不能为全局函数，也不能为静态函数。

（3）不能将友元说明为虚函数，但虚函数可以是另一个类的友元。

（4）析构函数可以是虚函数，但构造函数不能为虚函数。

试一试：把基类中 virtual 去掉结果如何？是否还能实现多态性？

思考

虚函数与重载函数有什么区别？（建议上网查找更多关于虚函数与重载函数的知识）

4. 纯虚函数与抽象类

在许多情况下，在基类中不能给出有意义的虚函数定义，这时可以把它说明成纯虚函数，把它的定义留给派生类来做。

定义纯虚函数的一般格式如下：

```
class 类名
{
    virtual  返回值类型 函数名（参数表） = 0;
};
```

纯虚函数是一个在基类中说明的虚函数，它在基类中没有实现，要求任何派生类都必须实现自己的版本。纯虚函数为各派生类提供一个公共操作界面。由于纯虚函数所在的类中没有它的具体实现，在该类的构造函数和析构函数中不允许调用纯虚函数，否则会导致程序运行错误，但其他成员函数可以调用纯虚函数。

如果一个类中至少有一个纯虚函数，那么这个类被称为抽象类（abstract class）。抽象类中不仅包括纯虚函数，也可包括虚函数。抽象类中的纯虚函数可能是在抽象类中说明的，也可能是从它的抽象基类中继承下来且重新说明的。

抽象类有一个重要特点，即抽象类必须用作派生其他类的基类，而不能用于直接创建对象实例。抽象类不能直接创建对象的原因是其中有一个或多个函数没有实现，但可使用指向抽象类的指针（即基类指针）来实现运行时多态性。

例 7-9　设计抽象类 Shape，定义纯虚函数 len() 求周长，分别在三角形类 Tran 和圆类 Cir 中实现该方法。

```cpp
#include <iostream>
using namespace std;
class Shape
{
public:
    virtual void len()=0;      //在基类抽象类中定义纯虚函数 len()
};
class Tran:public Shape
{
protected:
    double a,b,c;
public:
```

```
        Tran(double a1,double b1,double c1)
        {
            a=a1;
            b=b1;
            c=c1;
        }
        void len()              //在派生类 Tran 中重新定义 len()
        {
            cout<<" 三角形的周长是 "<<a+b+c<<endl;
        }
};
class Cir:public Shape
{
private:
    double r;
public:
    Cir(double r1)
    {
        r=r1;
    }
    void len()              //在派生类 Cir 中重新定义 len()
    {
        cout<<" 圆形的周长是 "<<2*3.14*r<<endl;
    }
};
int main()
{
    Shape *p;
    Tran  t(3.0,4.0,5.0);
    Cir  c(2.0);
    p=&t;                   //指向三角形
    p->len();               //求三角形周长
    p=&c;                   //指向圆
    p->len();               //求圆的周长
}
```

运行结果如图 7-12 所示。

图 7-12 例 7-9 的运行结果

为求周长这一运算行为定义一个标准的操作界面格式 len()，显然三角形和圆周形的算法不一样，在具体的三角形和圆形类中实现。使用时通过统一调用方式 p->len() 完成计算周长这一行为。

多态性

7.5　项 目 改 进

宠物领养游戏完成了，通过扩展知识虚函数做了一下改进，但其实还有其他方面可以进行改进，例如以下几方面。

（1）项目 7 中的 Cat 和 Dog 都是通过调用基类 Pet 的 show() 函数实现查看功能，查看到的内容仅限于是 Pet 类中的数据成员，实际上 Cat 和 Dog 中都增加了新的数据成员内容，改进一下让 Cat 和 Dog 都可以进行个性化的查看。

（2）丰富喂养宠物行为。

（3）丰富宠物种类。

（4）你能想到的改进方向或遇到的其他需要解决的问题……

7.6　你 知 道 吗

1. 程序设计与科技创新的密切关系

程序设计是科技创新的基础。现代科技的发展离不开程序设计的支撑，各种高科技产品和服务都离不开程序的支持。例如，智能手机、计算机、互联网、人工智能等都是基于程序设计实现的。因此，掌握程序设计基础对于从事科技创新的人员来说是非常重要的。

科技创新需要不断推动程序设计的进步。随着科技的不断发展，新的应用场景和技术需求不断涌现，这就需要程序设计不断地进行创新和改进。例如，人工智能技术的发展就需要更加高效、智能的算法和模型来支持，这就需要程序员们不断地探索和创新。

程序设计也可以为科技创新提供强有力的支持。通过程序设计，可以将科技创新的想法转化为实际可行的产品和服务，从而推动科技的发展和应用。例如，利用程序设计技术开发智能家居设备、无人驾驶汽车等高科技产品，可以为人们的生活带来更多的便利和安全保障。

程序设计和科技创新之间存在着密不可分的联系，掌握程序设计基础是从事科技创新的必要条件之一，同时程序设计也可以为科技创新提供强有力的支持。

2. 国家出台的鼓励 IT 技术创新和人才培养的政策

（1）大众创业及万众创新：该政策旨在鼓励创新创业，支持创业企业和创新型企业的发展。

（2）中国制造 2025：该计划旨在将中国制造业升级为创新型产业，其中包括大力发展信息技术产业。

（3）"互联网＋"行动计划：该计划旨在推动互联网与传统行业的深度融合，促进信息化和工业化的融合，提高经济效益和社会效益。

（4）"人才强国"战略：该战略旨在培养高素质人才，包括加强科技创新人才的培养和引进。

（5）"高精尖"产业发展规划：该规划旨在加快信息技术等高精尖产业的发展，提高产业核心竞争力。

（6）创新驱动发展战略：该战略旨在通过科技创新来推动经济发展和社会进步，其中也包括信息技术产业。

这些政策的出台，旨在鼓励企业、学校加强技术创新和人才培养，促进信息技术产业的发展和壮大。同时，也为 IT 高技能型技术人才提供了更多的发展机会和平台。

想一想

1. 生活中有哪些继承的例子？

2. 构造函数和析构函数可以继承吗？派生类构造函数各部分的执行次序是怎样的？

3. 如果类 α 继承了类 β，则类 α 称为 （1） 类，而类 β 称为 （2） 类。可以用 （3） 类的对象初始化或赋值 （4） 类的对象，反过来不行，因为 （5） 。

4. 一个派生类只有一个直接基类的情况称为 （1） ，而有多个直接基类的情况称为 （2） 。

5. C++ 中多态性包括两种多态性： （1） 和 （2） 。前者是通过 （3） 实现的，而后者是通过 （4） 和 （5） 来实现的。

6. 在基类中将一个成员函数说明成虚函数后，在其派生类中只要 （1） 、 （2） 和 （3） 完全一样就认为是虚函数，而不必再加关键字 （4） 。如有任何不同，则认为是 （5） 而不是虚函数。除了非成员函数不能作为虚函数外， （6） 、 （7） 和 （8） 也不能作为虚函数。

做一做

1. 使用面向对象的方法建立师生通讯录管理系统。

2. 建立抽象类 Shape，然后派生出 Tran（三角形）和 Cir（圆形）。定义虚函数实现两种图形面积的计算。

在线测试

扫描下方二维码，进行项目 7 在线测试。

项目 7 在线测试

知识目标：

（1）理解运算符重载方法。

（2）掌握函数模板和类模板创建方法。

（3）掌握异常处理机制如何处理程序中的异常情况。

技能目标：

（1）能够重载运算符。

（2）能够创建类模板、函数模板。

（3）能够运用异常处理机制完善程序。

素质目标：

（1）逐步提升在程序设计工作中不断优化方案的能力。

（2）逐步提升在程序设计岗位的团队协作能力。

思政目标：

（1）形成严谨的工作作风，用程序设计美好人生，用技术服务美好家园。

（2）更好地理解程序员的责任和使命，培养其道德品质和社会责任感，提高其职业素养和专业技能。

8.1 项 目 情 景

某计算器研发公司需要一款小学生用的计算器。提出具体需求如下：能够进行整数和实数加、减、乘、除、乘方等运算；能够进行整数、实数和拼音字母比较大小。程序员小张根据客户需求提交了如下代码：

```cpp
#include <iostream>
using namespace std;
int Add(int x, int y)              //Add 用于加法运算
{
    return x + y;
}
float Add(float x, float y)
{
    return x + y;
}
```

```
    int Sub(int x, int y)          //Sub 用于减法运算
    {
        return x - y;
    }
    float Sub(float x, float  y)
    {
        return x - y;
    }
    int Mul(int x, int y)          //Mul 用于乘法运算
    {
        return x * y;
    }
    float Mul(float x, float y)
    {
        return x * y;
    }
    int Div(int x, int y)          //Div 用于除法运算
    {
        return x / y;
    }
    float Div(float x, float y)
    {
        return x / y;
    }
    int Pow(int x)                 //Pow 用于乘方运算
    {
        return  x * x;
    }
    float Pow(float  x)
    {
        return  x * x;
    }
    int Com(int x, int y)          //Com 用于比较大小运算
    {
        if (x > y)
            return 1;
        else
            if (x < y)
                return -1;
            else
                return 0;
    }
    int Com(float x, float y)
    {
        if (x > y)
            return 1;
        else
            if (x < y)
                return -1;
            else
```

```
        return 0;
}
int Com(char x, char y)
{
    if (x > y)
        return 1;
    else
        if (x < y)
            return -1;
        else
            return 0;
}

int main()
{
    int a, b, sel;
    float c, d;
    do
    {
        cout << "\n\n***** 计算器 *********\n";
        cout << "\t 加法 -----------1" << endl;
        cout << "\t   整数加法 -10" << endl;
        cout << "\t   实数加法 -11" << endl;
        cout << "\t 减法 -----------2" << endl;
        cout << "\t   整数减法 -20" << endl;
        cout << "\t   实数减法 -21" << endl;
        cout << "\t 乘法 -----------3" << endl;
        cout << "\t   整数乘法 -30" << endl;
        cout << "\t   实数乘法 -31" << endl;
        cout << "\t 除法 -----------4" << endl;
        cout << "\t   整数除法 -40" << endl;
        cout << "\t   实数除法 -41" << endl;
        cout << "\t 乘方 -----------5" << endl;
        cout << "\t   整数乘方 -50" << endl;
        cout << "\t   实数乘方 -51" << endl;
        cout << "\t 比较大小 -------6" << endl;
        cout << "\t   整数比较 -60" << endl;
        cout << "\t   实数比较 -61" << endl;
        cout << "\t   拼音字母比较 -62" << endl;
        cout << "\t 退出 -----------0" << endl;
        cout << " 请输入选择: ";
        cin >> sel;
        switch (sel)
        {
        case 10:
            cout << " 输入两个整数: ";
            cin >> a >> b;
            cout << a << "+" << b << "=" << Add(a, b) << endl;
            break;
```

```
        case 11:
            cout << "输入两个实数：";
            cin >> c >> d;
            cout << c << "+" << d << "=" << Add(c, d) << endl;
            break;
        case 20:
            cout << "输入两个整数：";
            cin >> a >> b;
            cout << a << "-" << b << "=" << Sub(a, b) << endl;
            break;
        case 21:
            cout << "输入两个实数：";
            cin >> c >> d;
            cout << c << "-" << d << "=" << Sub(c, d) << endl;
            break;
        case 30:
            cout << "输入两个整数：";
            cin >> a >> b;
            cout << a << "*" << b << "=" << Mul(a, b) << endl;
            break;
        case 31:
            cout << "输入两个实数：";
            cin >> c >> d;
            cout << c << "*" << d << "=" << Mul(c, d) << endl;
            break;
        case 40:
            cout << "输入两个整数：";
            cin >> a >> b;
            cout << a << "/" << b << "=" << Div(a, b) << endl;
            break;
        case 41:
            cout << "输入两个实数：";
            cin >> c >> d;
            cout << c << "/" << d << "=" << Div(c, d) << endl;
            break;
        case 50:
            cout << "输入1个整数：";
            cin >> a ;
            cout << a << "乘方" << "=" << Pow(a) << endl;
            break;
        case 51:\
            cout << "输入1个实数：";
            cin >> c ;
            cout << c << "乘方" << "=" << Pow(c) << endl;
            break;
        case 60:
            cout << "输入两个整数：";
            cin >> a >> b;
            if (Com(a, b) == 1) cout << a << "大于" << b << endl;
            else if (Com(a, b) == -1) cout << a << "小于" << b << endl;
```

```
            else cout << a << "等于" << b << endl;
            break;
        case 61:
            cout << "输入两个实数: ";
            cin >> c >> d;
            if (Com(c, d) == 1) cout << c << "大于" << d << endl;
            else if (Com(c, d) == -1) cout << c<< "小于" << d << endl;
            else cout << c << "等于" << d << endl;
            break;
        case 62:
            char ch1, ch2;
            cout << "输入两个拼音字母: ";
            cin >> ch1 >> ch2;
               if (Com(ch1, ch2) == 1) cout << ch1 << "大于" << ch2<< endl;
            else if (Com(ch1, ch2) == -1) cout << ch1 << "小于" << ch2 << endl;
            else cout << ch1 << "等于" << ch2 << endl;
            break;
        case 0:
            exit(1);
        }
    } while (1);
}
```

　　该项目实现了客户的所有基本需求,但是项目经理要求小张对项目进行改进。作为一名优秀的程序员,不但要实现程序功能,所编写的代码还要具备良好的可读性、可移植性和可扩展性。以上代码虽然实现了客户要求,但是代码冗长、复杂。例如,加法功能用2个函数实现,比较功能用了3个函数实现。根据以上分析,项目经理列出需要完成的任务清单如表 8-1 所示。

表 8-1　项目 8 任务清单

任 务 序 号	任 务 名 称	知 识 储 备
T8-1	改进计算器	• 函数模板 • 类模板

8.2　相　关　知　识

　　模板是 C++ 支持参数化多态的工具,使用模板可以使用户为类或者函数声明一种模板式,使得类中的某些数据成员或者成员函数的参数、返回值取得任意类型。

1. 模板的概念

　　所谓模板,是指一种使用无类型参数来产生一系列函数或类的机制,是 C++ 的一个重要特性,它的实现方便了更大规模的软件开发。

　　若一个程序的功能是对某种特定的数据类型进行处理,则可以将所处理的数据类型说明为参数,以便在其他数据类型的情况下使用,这就是模板的由来。模板是以一种完全通用的方法来设计函数或类而不必预先说明将被使用的每个对象的类型。通过模板可以产生类或函数的集合，使它们操作不同的数据类型，从而避免需要为每一种数据类型产生一个单独的类或函数。

例如，设计一个求两参数最大值的函数，不使用模板时，需要定义4个函数：

```
int max(int a,int b){return(a>b)?a,b;}
long max(long a,long b){return(a>b)?a,b;}
double max(double a,double b){return(a>b)?a,b;}
char max(char a,char b){return(a>b)?a,b;}
```

若使用模板，则只定义一个函数：

```
Template<class T>
T max(T a,T b)
{return(a>b)?a,b;}
```

C++程序由类和函数组成，模板也分为类模板（class template）和函数模板（function template）。在说明了一个函数模板后，当编译系统发现有一个对应的函数调用时，将根据实参中的类型来确认是否匹配函数模板中对应的形参，然后生成一个重载函数。该重载函数的定义体与函数模板的函数定义体相同，它称为模板函数（template function）。同样，在说明了一个类模板之后，可以创建类模板的实例，即生成模板类。

2. 函数模板的定义

重载函数通常基于不同的数据类型实现类似的操作。如果对不同数据类型的操作完全相同，那么，用函数模板实现更为简洁方便。C++根据调用函数时提供参数的类型，自动产生单独的函数模板来正确地处理每种类型的调用。

函数模板的一般形式如下：

```
template <class 参数1,class 参数2,...>
函数返回类型 函数名（形参表）
{
//函数定义体
}
```

（1）template 是一个声明模板的关键字。

（2）模板关键字 class 不能省略，此时它不表示类的定义。

（3）如果类型形参多于一个，每个形参前都要加 class，"<类型 形参表>"既可以包含基本数据类型，又可以包含类类型。

例8-1　函数模板的简单应用。两个数找最小值。

```
#include <iostream>
using namespace std;
template<class T>
T min(T& x, T& y)
{
    return(x < y) ? x : y;
}
int main()
```

```
{
    int n1 = 2, n2 = 10;
    double d1 = 1.5, d2 = 5.6;
    cout << "较小整数:" << min(n1, n2) << endl;
    cout << "较小实数:" << min(d1, d2) << endl;
}
```

运行结果如图 8-1 所示。

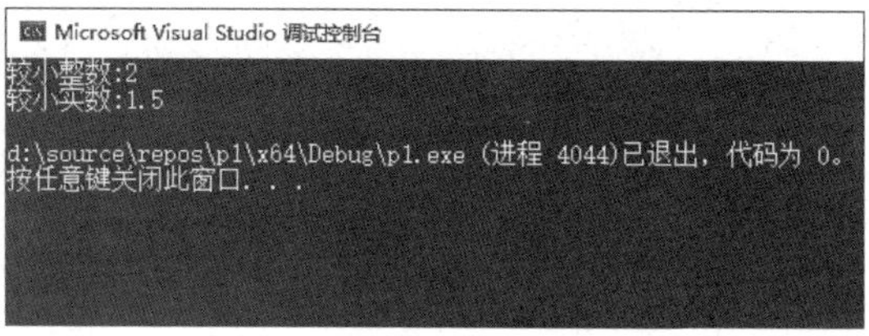

函数模板
的定义与
使用

图 8-1　例 8-1 的运行结果

（1）main() 函数中定义了两个整型变量 n1、n2，然后调用 min(n1, n2) 时，即实例化函数模板 T min(T x, T y)，其中 T 为 int 型，并求出 n1、n2 中的最小值。

（2）main() 函数中定义了两个双精度类型变量 d1、d2，然后调用 min(d1,d2) 时，即实例化函数模板 T min(T x, T y)，其中 T 为 float 型，并求出 d1、d2 中的最小值。

3. 类模板

类模板和函数模板类似，为类定义一个灵活多样的模式，从而避免了编写大量的、因数据类型不同而不得不重新编写的类。

定义一个类模板：

```
template < class 参数 1,class 参数 2,...>
class 类名 {
//类定义体……
};
```

（1）template 是声明各模板的关键字，表示声明一个模板，模板参数可以是一个，也可以是多个。

（2）class 表示其后面的参数用于指定模板的一个统一类型，不表示类定义。

（3）每个参数表示某种类型的临时代号。

例 8-2　定义一个 Point 类模板并应用。

```
#include <iostream>
using namespace std;
```

```
template<class T>
class Point
{
private:
    T a, b;
public:
    Point(T a1, T b1)
    {
        a = a1;
        b = b1;
    }
    void showPoint()
    {
        cout << "该点横坐标:" << a << "\t" << "纵坐标:" << b << endl;
    }
};
int main()
{
    Point<int> p1(3, 4);
    p1.showPoint();
    Point <double> p2(2.8, 5.9);
    p2.showPoint();
}
```

运行结果如图 8-2 所示。

图 8-2　例 8-2 的运行结果

8.3　项 目 实 现

该项目包含一个任务，任务序号是 T8-1，任务名称是"改进计算器"。

1. 需求分析

初期提交的程序源代码加法、减法、乘法、乘方每个功能都编写了 2 个除了类型不同而其他都相同的函数，比较大小功能编写了 3 个除了类型不同而其他都相同的函数。该程序冗长、烦杂，根据函数模板的概念改进该项目源代码，提升程序的可读性、可移植性，提高程序运行效率。

2. 流程设计

该项目流程设计如图 8-3 所示。

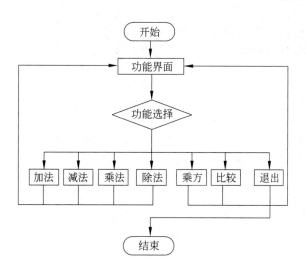

图 8-3　项目 8 流程图

3. 代码编写

项目参考源代码如下：

```cpp
#include <iostream>
using namespace std;
template <class T>

//Add 为加法运算的函数模板
T Add(T& x, T& y)
{
    return x + y;
}

template  <class T>
//Sub 为减法运算的函数模板
T Sub(T& x, T& y)
{
    return x - y;
}

template  <class T>
//Mul 为乘法运算的函数模板
T Mul(T& x, T& y)
{
    return x * y;
}

template  <class T>
//Div 为除法运算的函数模板
T Div(T& x, T& y)
{
    return x / y;
}
```

```cpp
template  <class T>
//Pow 为乘方运算的函数模板
T Pow(T& x)
{
    return  x * x;
}


template  <class T>
//Com 为比较大小运算的函数模板
T Com(T& x, T& y)
{
    if(x > y)
        return 1;
    else
        if(x < y)
            return -1;
        else
            return 0;
}
int main()
{
    int a, b, sel;
    float c, d;
    do
    {
        cout << "\n\n****** 计算器 *********\n";
        cout << "\t 加法 -----------1" << endl;
        cout << "\t   整数加法 -10" << endl;
        cout << "\t   实数加法 -11" << endl;
        cout << "\t 减法 -----------2" << endl;
        cout << "\t   整数减法 -20" << endl;
        cout << "\t   实数减法 -21" << endl;
        cout << "\t 乘法 -----------3" << endl;
        cout << "\t   整数乘法 -30" << endl;
        cout << "\t   实数乘法 -31" << endl;
        cout << "\t 除法 -----------4" << endl;
        cout << "\t   整数除法 -40" << endl;
        cout << "\t   实数除法 -41" << endl;
        cout << "\t 乘方 -----------5" << endl;
        cout << "\t   整数乘方 -50" << endl;
        cout << "\t   实数乘方 -51" << endl;
        cout << "\t 比较大小 -------6" << endl;
        cout << "\t   整数比较 -60" << endl;
        cout << "\t   实数比较 -61" << endl;
        cout << "\t   拼音字母比较 -62" << endl;
        cout << "\t 退出 -----------0" << endl;
        cout<< " 请输入选择: ";
        cin >> sel;
        switch (sel)
        {
        case 10:
            cout << " 输入两个整数: ";
```

```
        cin >> a >> b;
        cout << a << "+" << b << "=" << Add(a, b) << endl;
        break;
    case 11:
        cout << "输入两个实数: ";
        cin >> c >> d;
        cout << c << "+" << d << "=" << Add(c, d) << endl;
        break;
    case 20:
        cout << "输入两个整数: ";
        cin >> a >> b;
        cout << a << "-" << b << "=" << Sub(a, b) << endl;
        break;
    case 21:
        cout << "输入两个实数: ";
        cin >> c >> d;
        cout << c << "-" << d << "=" << Sub(c, d) << endl;
        break;
    case 30:
        cout << "输入两个整数: ";
        cin >> a >> b;
        cout << a << "*" << b << "=" << Mul(a, b) << endl;
        break;
    case 31:
        cout << "输入两个实数: ";
        cin >> c >> d;
        cout << c << "*" << d << "=" << Mul(c, d) << endl;
        break;
    case 40:
        cout << "输入两个整数: ";
        cin >> a >> b;
        cout << a << "/" << b << "=" << Div(a, b) << endl;
        break;
    case 41:
        cout << "输入两个实数: ";
        cin >> c >> d;
        cout << c << "/" << d << "=" << Div(c, d) << endl;
        break;
    case 50:
        cout << "输入 1 个整数: ";
        cin >> a;
        cout << a << "乘方" << "=" << Pow(a) << endl;
        break;
    case 51:
        cout << "输入 1 个实数: ";
        cin >> c;
        cout << c << "乘方" << "=" << Pow(c) << endl;
        break;
    case 60:
        cout << "输入两个整数: ";
        cin >> a >> b;
        if (Com(a, b) == 1) cout << a << "大于" << b << endl;
```

```
            else if (Com(a, b) == -1) cout << a << "小于" << b << endl;
            else cout << a << "等于" << b << endl;
            break;
        case 61:
            cout << "输入两个实数: ";
            cin >> c >> d;
            if (Com(c, d) == 1) cout << c << "大于" << d << endl;
            else if (Com(c, d) == -1) cout << c << "小于" << d << endl;
            else cout << c << "等于" << d << endl;
            break;
        case 62:
            char ch1, ch2;
            cout << "输入两个拼音字母: ";
            cin >> ch1 >> ch2;
            if (Com(ch1, ch2) == 1) cout << ch1 << "大于" << ch2 <<
            endl;
            else if (Com(ch1, ch2) == -1) cout << ch1 << "小于" << ch2
            << endl;
            else cout << ch1 << "等于" << ch2 << endl;
            break;
        case 0:
            exit(1);
        }
    } while (1);
}
```

4. 运行并测试

该项目运行使用共有 13 种正常的输入数据，分别对应 13 个函数调用，本书仅展示三种情况的测试运行，运行效果如图 8-4~ 图 8-6 所示，其他情况请读者自己尝试。

（1）整数加法运行效果如图 8-4 所示。

（2）实数乘法运行效果如图 8-5 所示。

（3）拼音字母比较大小运行效果如图 8-6 所示。

图 8-4　项目 8 的运行结果 1

图 8-5　项目 8 的运行结果 2

图 8-6　项目 8 的运行结果 3

项目运行

小记录：

你在程序生成过程中发现_____个错误，错误内容如下。

_____

_____

_____

_____

大发现：

_____

_____

8.4　知　识　拓　展

8.4.1　运算符重载

　　C++ 语言允许程序员重新定义已有的运算符，使其能按用户的要求完成一些特定的操作，这就是所谓的运算符重载。

　　运算符重载与函数重载相似，其目的是设置某一运算符，让它具有另一种功能，尽管此运算符在原先 C++ 语言中代表另一种含义，但它们彼此之间并不冲突。

　　C++ 会根据运算符的位置辨别应使用哪一种功能进行运算。

　　下面介绍运算符重载的格式。

　　用成员函数重载运算符的一般格式如下：

　　函数返回值类型 `operator` 运算符（0 个参数或者 1 个参数）{...}

　　用友元函数重载单目运算符的一般格式如下：

　　函数返回值类型 `operator` 运算符（class 类型 参数 1）{...}

　　用友元函数重载双目运算符的一般格式如下：

　　函数返回值类型 `operator` 运算符（类型 参数 1，类型 参数 2）{...}

　　例 8-3　运算符"+"的重载。

```
#include <iostream>
#include "ThreeD.h"
using namespace std;
int main()
{
    ThreeD a(0,0,0);
    ThreeD b(1,2,3);
    ThreeD c(5,6,7);
```

```
    a=b+c;
    cout<<" 该对象的值 x="<<a.x<<" y="<<a.y<<"  z="<<a.z<<endl;
}
```

ThreeD.h 的代码如下：

```
class ThreeD
{
public:
    ThreeD()
    {
    x=0;y=0;z=0;
    }
ThreeD(int i,int j,int k)
{
    x=i;y=j;z=k;}
    ThreeD operator+(ThreeD d);

        int x;
        int y;
        int z;
};
ThreeD ThreeD::operator+(ThreeD d)     //重载"+"号运算符，实现两个对象的相加
{
    ThreeD t;
    t.x=x+d.x;
    t.y=y+d.y;
    t.z=z+d.z;
    return t;
}
```

运行结果如图 8-7 所示。

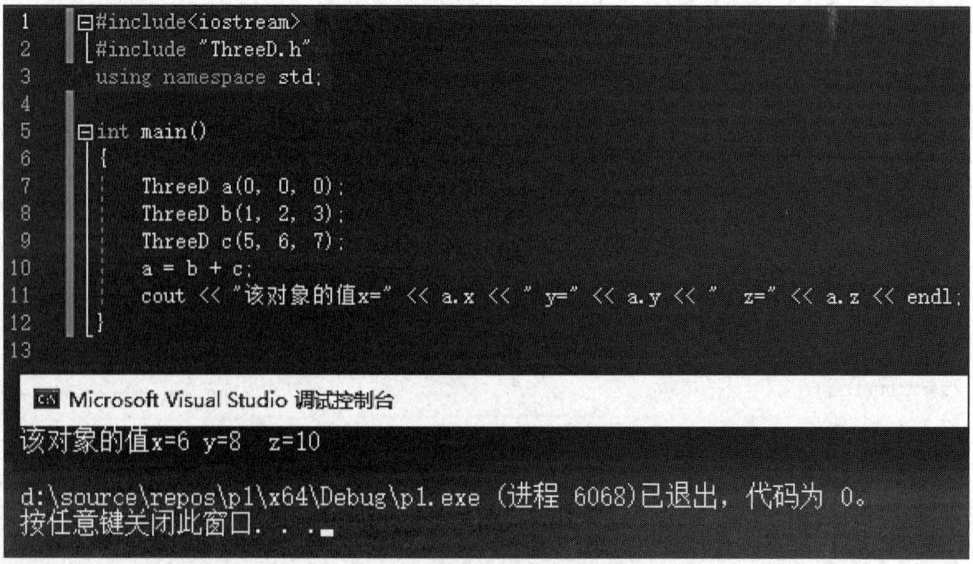

图 8-7　例 8-3 的运行结果

从程序可以看出，a=b+c 是正确的，因为 a、b、c 是 ThreeD 类的对象，在 ThreeD 类中已经重载了 "+" 运算符，因此可以直接使用，就像一般加法一样简单。

例 8-4　重载运算符 "<<"。

```cpp
#include <iostream>
#include <string>
using namespace std;
class Person
{
private:
    string name;
    int age;
public:
    Person(string n, int a)
    {
        name = n;
        age = a;
    }
    //形参 ex 是输出流类对象的引用
    friend ostream& operator<<(ostream& ex, Person& p)
    {
        ex << "姓名:" << p.name << "年龄:" << p.age;
        return ex;
    }
};
int main()
{
    Person p("张三", 20);
    cout << p;
    cout << endl;
}
```

　　（1）因为重载了 "<<" 运算符，程序可以使用 cout<<p 输出一个对象。
　　（2）除 << 和 >> 运算符不能用成员函数重载外，其余运算符都可以。

　　如何丰富多功能计算器的功能，实现两个复数的加、减、乘、除运算？

2. 运算符重载几点说明

（1）几乎所有的运算符都可用作重载，具体如表 8-2 所示。

表 8-2　可以重载的运算符列表

类　别	运　算　符
算术运算符	+ - * / % ++ --
位操作运算符	& | ~ ^ << >>
逻辑运算符	&& || !
比较运算符	< > >= <= == !=
赋值运算符	= += -= *= /= %= &= |= ^= <<= > >=
其他运算符	[] () -> ，（逗号运算符） new delete new[] delete[] -> *

下列运算符不允许重载：.、.*、::、?:、sizeof。

（2）用户重新定义运算符，不改变原运算符的优先级和结合性。也就是说，对运算符重载不改变运算符的优先级和结合性，并且运算符重载后，也不改变运算符的语法结构，即单目运算符只能重载为单目运算符，双目运算符只能重载双目运算符。

（3）不可臆造新的运算符。必须把重载运算符限制在 C++ 语言中已有的运算符范围内的允许重载的运算符之中。

重载运算符坚持 4 个"不能改变"。

- 不能改变运算符操作数的个数。
- 不能改变运算符原有的优先级。
- 不能改变运算符原有的结合性。
- 不能改变运算符原有的语法结构。

8.4.2　异常

在编写程序时，应该考虑确定程序可能出现的错误，然后加入处理错误的代码。也就是说，在环境条件出现异常情况下，不会轻易出现死机和灾难性的后果，而应有正确合理的表现。这就是异常处理。C++ 提供了异常处理机制，它使得程序出现错误时，力争做到允许用户排除环境错误，继续运行程序。

1. 异常概述

程序的错误有两种：一种是编译错误，即语法错误。如果使用了错误的语法、函数、结构和类，程序就无法被生成运行代码。另一种是在运行时发生的错误，它分为不可预料的逻辑错误和可以预料的运行异常。

运行异常可以预料，但不能避免，它是由系统运行环境造成的。如内存空间不足，而程序运行中提出内存分配申请时得不到满足，就会发生异常。

2. 异常的基本思想

在小型程序中，一旦发生异常，一般是将程序立即中断运行，从而无条件释放所有资源。对于大型程序来说，运行中一旦发生异常，应该允许恢复和继续运行。

恢复的过程就是把产生异常所造成的恶劣影响去掉，中间可能要涉及一系列的函数调用链的退栈、对象的析构、资源的释放等。继续运行就是异常处理之后，在紧接着异常处理的代码区域中继续运行。

3. 使用异常的步骤

（1）定义异常（try 语句块），将那些可能产生错误的语句框定在 try 语句中。

（2）定义异常处理（catch 语句块）。

（3）将异常处理的语句放在 catch 块中，以便异常被传递过来时就处理它。

（4）抛掷异常（throw 语句）。

（5）检测是否产生异常，若产生异常则抛掷异常。

例 8-5　一个除数是零的异常。

```cpp
#include <iostream>
using namespace std;
int main()
{
    int x, y = 10;
    cout << "输入一个整数 :";
    cin >> x;
    try
    {
        if (x == 0) throw x;
        y = y / x;
        cout << y << endl;
    }
    catch (int x)
    {
        cout << "除数为零，除法无效 !" << endl;
    }
}
```

异常处理

思 考

如何在计算器中加入异常处理机制, 使计算器能处理除数为 " 零 " 的情况?

思政元素

作为一名合格的程序员, 应具备职业责任感和良好的道德品质。

（1）异常处理是程序员的责任。程序员需要对代码的正确性和稳定性负责, 因此需要在编写代码时考虑到可能出现的异常情况, 并进行相应的处理。

（2）异常处理需要考虑到用户体验。用户在使用程序时, 不希望遇到程序崩溃或异常退出的情况, 因此程序员需要在异常处理中考虑到用户体验, 尽可能地减少对用户的影响。

（3）异常处理需要遵循法律和道德规范。程序员需要遵循相关的法律法规和道德规范, 在异常处理中不得违反相关规定, 保障用户的合法权益。

8.5　项目改进

对于"小学生用计算器"我们使用模板已经完成了基本数据类型的加、减、乘、除、乘方、比较运算，接下来可以从如下几个方面来完善它。

（1）增加功能。增加如复数等复杂数据类型的运算。

（2）增加异常处理机制。当程序的运行出现异常时能恰当地处理异常。

（3）改进界面。目前我们的程序都是控制台应用程序，如果想实现窗口编程，可以使用 VS2022 中的 MFC 编程……

8.6 你知道吗

1. 未来对于 IT 工作者的需求的变化

（1）技术更新换代的速度将加快。随着技术的不断发展和创新，IT 行业将不断涌现新的技术和工具，这意味着 IT 工作者需要不断学习和适应新技术，以保持竞争力。

（2）人工智能、物联网等新兴技术的应用将增加。这些新兴技术将对 IT 行业产生深刻的影响，需要 IT 工作者具备相应的技能和知识来应对这些变化。

（3）需要具备跨领域能力的人才。随着各个行业的数字化转型，IT 工作者需要具备更广泛的知识和技能，能够跨越不同领域进行合作和解决问题。

（4）需要注重数据安全和隐私保护。随着互联网的发展，个人信息的泄露和网络攻击的风险越来越大，因此 IT 工作者需要注重数据安全和隐私保护的能力。

（5）需要具备创新能力和创业精神。随着科技的发展，创新将成为 IT 行业的重要驱动力，因此 IT 工作者需要具备创新能力和创业精神，能够不断推动行业的进步和发展。

未来对于 IT 工作者的需求将更加多样化和综合化，需要具备不断学习和适应新技术的能力，同时还需要具备跨领域能力、数据安全和隐私保护能力以及创新能力和创业精神。

2. 后续学习

C++ 程序设计基础是一门广泛应用于计算机应用技术、软件技术、大数据技术等多个专业的编程语言。通过学习该课程掌握的编程技能、开发思维、职业素养可以为读者成功打开程序设计大门，后续可以顺利进行相关方向的软件开发类课程学习。如图 8-8 所示为可以进行学习的后续课程。

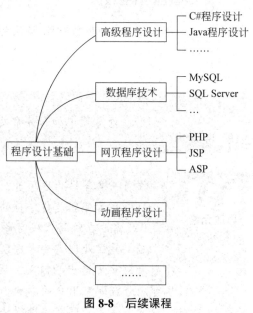

图 8-8　后续课程

想一想

1. 抽象类和模板都有提供抽象的机制，请分析它们的区别和应用场合。

2. 关于函数模板，描述错误的是（　　）。

A. 函数模板必须由程序员实例化为可执行的函数模板

B. 函数模板的实例化由编译器实现

C. 一个类定义中，只要有一个函数模板，则这个类是类模板

D. 类模板的成员函数都是函数模板，类模板实例化后，成员函数也随之实例化

3. 下列的模板说明中，正确的是（　　　）。

A. template < typename T1, T2 >

B. template < class T1, T2 >

C. template < class T1, class T2 >

D. template (typename T1, typename T2)

4. 假设有函数模板定义如下：

```
template <class  T>
Max( T a, T b ,T &c)
    { c=a+b;}
```

下列选项正确的是（　　　）。

A. int x, y; char z ;

　　Max(x, y, z) ;

B. double x, y, z ;

　　Max(x, y, z) ;

C. int x, y; float z ;

　　Max(x, y, z);

D. float x; double y, z ;

　　Max(x, y, z) ;

5. 关于类模板，描述错误的是（　　　）。

A. 一个普通基类不能派生类模板

B. 类模板从普通类派生，也可以从类模板派生

C. 根据建立对象时的实际数据类型，编译器把类模板实例化为模板类

D. 函数的类模板参数须通过构造函数实例化

做一做

1. 设计 Person 类模板，其中姓名和年龄属性类型不确定，编写主函数测试 Person 类。

2. 编写程序输入任意数，输出该数的平方根，加入程序异常处理机制。当输入的数不是正数时抛出错误。

在线测试

扫描下方二维码，进行项目 8 在线测试。

项目 8 在线测试

参 考 文 献

[1] 明日科技 . C 语言经典编程 282 例 [M]. 北京：清华大学出版社，2013.
[2] 黄永峰 . C/C++ 程序设计教程 [M]. 北京：清华大学出版社，2019.
[3] 周霭如 . C++ 程序设计基础 [M]. 6 版 . 北京：电子工业出版社，2021.
[4] 郑莉 . C++ 语言程序设计 [M]. 5 版 . 北京：清华大学出版社，2022.
[5] 王健伟 . C++ 新经典：设计模式 [M]. 北京：清华大学出版社，2022.